U0591729

墨菲定律

发现积极情绪的力量

李洁 著

Murphy's Law

SPM
南方传媒 | 广东人民出版社
·广州·

图书在版编目（CIP）数据

墨菲定律：发现积极情绪的力量 / 李洁著 . — 广
州：广东人民出版社，2021.10（2023.8 重印）

ISBN 978-7-218-14746-8

Ⅰ．①墨…　Ⅱ．①李…　Ⅲ．①成功心理—通俗读物
Ⅳ．① B848.4-49

中国版本图书馆 CIP 数据核字（2020）第 255623 号

MOFEIDINGLV: FAXIAN JIJI QINGXU DE LILIANG

墨菲定律：发现积极情绪的力量

李洁　著

出 版 人：肖风华

责任编辑：李力夫
责任技编：吴彦斌　周星奎

出版发行：广东人民出版社
地　　址：广州市越秀区大沙头四马路 10 号（邮政编码：510199）
电　　话：（020）85716809（总编室）
传　　真：（020）83289585
网　　址：http://www.gdpph.com
印　　刷：唐山富达印务有限公司
开　　本：880mm×1230mm　1/32
印　　张：9　**字　数**：178 千
版　　次：2021 年 10 月第 1 版
印　　次：2023 年 8 月第 4 次印刷
定　　价：39.80 元

如发现印装质量问题，影响阅读，请与出版社（020-87712513）联系调换。
售书热线：020-87717307

我们眼中的世界，便是内心的世界

目　　　CONTENTS　　　录

墨菲
定律

第一章

无所畏惧，
因为越怕什么就越来什么

墨菲定律的四大基础内容：第一，任何事情都不会像它表面上看起来那么简单；第二，所有任务的完成周期都会比预计的时间长；第三，任何事情如果有出错的可能，那么就会有极大的概率出错；第四，如果你预感可能会出错，那么它就必然会出错。

坏运气：
是命中注定还是暂时"水逆"？

时常听见身边有人抱怨："我的运气太不好啦，什么坏事都能被我碰到！"高考时，总害怕自己发挥失常，结果真的考砸了。面试时，总担心自己说得不好，结果真的语无伦次了。投资时，总认为自己买的股票会亏损，结果真的亏得一塌糊涂。生活中，诸如此类的"坏运气"总是让人哭笑不得，同时又让人产生怀疑，是不是有一双"命运之手"正暗中操控所有事物的发展呢？那些不如意的事，是命中注定还是暂时"水逆"呢？

稍微懂点数理思维的人都知道，这种"怕什么就来什么"的情况，完全可以用墨菲定律来解释。只要我们还是"地球人"，就不可避免地会被墨菲定律影响。那么，究竟什么是墨菲定律呢？

1949 年，一项名为"MX 981 火箭减速超重"的实验轰动了全世界。这项实验的发起者是美国爱德华兹空军基地的工程师爱德华·墨菲。他想通过这项实验测定人类对于加速度的承受极限到底有多大。在实验过程中，有一个十分重要的环节——需要在

16 名受试者的座椅支架上安装 16 个传感器。每个传感器上有两根接线，如果接反了，则不能正常读取数据。

当实验人员安装好所有的传感器之后，爱德华·墨菲惊讶地发现，自己最害怕发生的事情最终还是发生了——几乎所有传感器的接线都安装反了！

爱德华·墨菲认为是自己在设计传感器时考虑不周，才导致"意外情况"发生，因为他没有想到会有人将接线安装反了。事后，他还自嘲道："如果一件事情有可能以错误的方式被处理，那么最终肯定会有人以错误的方式去处理它。"这句话正是"20世纪最著名的心理学定律——墨菲定律"的前身。

墨菲定律被提出时，欧美国家的经济、科技正处于蓬勃发展的时期。西方人被一种盲目的自信和乐观精神笼罩，相信人类能够战胜所有的困难，有能力改造一切，没有什么问题是解决不了的。而墨菲定律的提出，却给盲目自信的人泼了一盆冷水。

人们渐渐意识到，只要事情有出错的可能，就会有人把事情做错。而且，事情越复杂，参与的人数越多，出错的可能性就越大。

再后来，人们进一步剖析了墨菲定律，并提出墨菲定律的四大基础内容：第一，任何事情都不会像它表面上看起来那么简单；第二，所有任务的完成周期都会比预计的时间长；第三，任何事情如果有出错的可能，那么就会有极大的概率出错；第四，如果你预感可能会出错，那么它就必然会出错。

我们可以毫不夸张地说："墨菲定律无处不在！"比如，在日常生活、工作、学习中，越害怕发生的事情，越会发生；越担忧的事情，越会出现纰漏；越想避开的难题，越有可能变成瓶颈……

那么，难道我们只能消极地看待墨菲定律，将它当成命中注定的坏运气，然后接受命运的安排吗？当然不是！任何事物都有两面性，墨菲定律也是如此！

一方面，墨菲定律让我们知道，人类犯错是不可避免的，最坏的情况随时可能会发生，无论是对科学技术，还是对概率，我们都不能盲目相信。另一方面，墨菲定律又提醒我们，要充分考虑每一种可能性，做好全面的预防工作，这样就有可能将隐患消除在萌芽状态。

因此，我们应该用辩证的眼光来看待墨菲定律，既要理解、接受它的消极含义，又要努力发挥、利用它的积极面来提升自己的能力。最重要的一点是，我们要能够透过它发现自身隐藏的积极情绪的力量，这才是墨菲定律带给我们的最大益处。

好运气：
一场漫长等待后的空欢喜

我们身边从来不缺乏"幸运儿"，他们做什么事情都特别顺利——看到满意的工作，一面试就顺利通过；遇到心仪的对象，一表白就能成功在一起；玩个游戏都是欧皇附体，让非酋们羡慕不已……

为什么好运气总是降临在这些"幸运儿"身上呢？科学家可能也无法回答这个问题，因为好运气是一种奇妙且玄的东西。有时好运气会一直伴随你的左右，无论你做什么事情都很顺利；有时好运气又离你很远，让你诸事不顺。

还记得 2018 年的幸运"锦鲤"女孩"信小呆"吗？她本来只是一位普通的"90 后"女孩，就职于一家普通的 IT 公司，从来没有办理过护照和签证，从来没有出过国，唯一一次坐飞机还是因为出差办事。然而，就是这样一位平凡而普通的女孩，却被幸运之神眷顾，在某支付平台举办的转发赢锦鲤活动中，获得了一亿元大奖。

这种好事的发生概率为亿万分之一，但它为什么偏偏就发生在"信小呆"身上呢？我们只能用好运气去解释。

如果一件事情有好坏两种结果，最后一定会诞生一个"倒霉蛋"和一个"幸运儿"。

有人相信好运气是需要等待的，于是选择守株待兔，希望自己能够得到幸运之神的垂青。但在一场漫长的等待之后，得到的却只是一场空欢喜。

美国石油大亨洛克菲勒曾经说过这样一句话，大意是，每个人都是他自己命运的设计师和建筑师。就像人不能没有金钱一样，人不能没有运气。但是，要想有所作为就不能等待好运气光顾。世界上什么事都可以发生，就是不会发生不劳而获的事。

可见，好运气可能随时降临，也可能永远不会降临。在好运气降临之前，我们也需要有所作为，而不是单纯地等待天上"掉馅饼"。那么，我们应该如何让自己更幸运呢？

第一，为好运降临创造条件。海明威曾说："每一天都是一个新的日子。走运当然是好，不过我情愿做到分毫不差。这样，运气来的时候，你就有所准备了。"在好运气降临之前，我们有必要有所准备——做好周全的计划、增强自身的实力等。

第二，好性格更容易带来好运气。英国心理学学者查尔斯·怀斯曼致力于研究运气心理学，他认为那些"幸运儿"与其说是因为有好运气而获得成功，不如说是因为自己的行为和性格最终导致了成功。那些积极乐观的人更善于把握机会与创造机会，而那些孤僻、刻板的人，往往让机会和好运悄悄溜走。

第三，相信好运能够带来积极的力量。牛津大学心理学系教授福克斯在《为什么幸运的人一再走运，不幸的人继续倒霉？》一书中写道："真正的乐观主义并不是带着粉红色的眼睛看世界，而是相信自己有能力克服各种困难和阻力，甚至为了长远的更大回报忍受眼前短暂的痛苦。"

相信好运的人更容易获得好运，因为这种相信会产生一种积极的情绪，进而获得乐观、自信和掌控感。在这种积极心理的影响下，我们会更加努力地生活，更加认真地工作，不畏困难坎坷，永远保持乐观向上的精神。

第四，好运气只是成功的因素之一。美国心理学家伯纳德·韦纳在分析行为成败的因素时指出，运气只是成败的因素之一，其他更重要的因素还包括归纳能力、努力程度、任务难度、身心状态和其他外界因素等。

如果我们只想依靠好运气获胜，显然是不可能的。无论是墨菲定律，还是韦纳理论，都从侧面提出警示：坏运气是无法完全避免的，好运气随时可能降临。我们需要做的就是——在坏运气降临前做好预防，在好运气降临前做好准备。没有人会一直倒霉，也没有人会好运连连。好运气永远属于有实力、有计划、有准备的人。

只要有可能发生，
就一定会发生

在经典科幻电影《星际穿越》中，男主角库珀给女儿取名叫"墨菲"。这无疑是一个充满暗示性的名字。当库珀驱车送儿子、女儿去学校的途中，车子突然爆胎了。儿子认为，这是墨菲定律。女儿责问库珀，为什么要以坏事给她取名字？库珀解释说："墨菲定律并不是说一定会有坏事发生，而是说只要有可能，就一定会发生。"

电影中许多情节体现出墨菲定律的正确性与客观存在性——我们永远无法阻止所有意外的发生，只要有一点可能性，就应该做好选择与充足的准备。

在电影的最后，当所有人都认为库珀不能回来时，他却回来了。这便是墨菲定律的积极面——哪怕好事发生的可能性微乎其微，但只要有可能发生，就一定会发生。

有人可能会问："什么是可能性呢？"可能性就是事物发生的概率，包含在事物之中，预示着事物发展趋势的量化指标，是客观论证，而非主观验证。在任何一个关于"可能性"的故事中，人们都是奇迹的缔造者，一切皆有可能。

霍金曾经说过："宇宙未来有两种可能性：一是继续膨胀下去；二是收缩以至于坍缩成一个点。"无论霍金的观点是否正确，都足以说明人类科学的视角已经延伸至遥远的宇宙未来——现今人类可观测到的宇宙，可能只是冰山一角，这也是关于宇宙未来的无限可能性的探讨。

人类本身也充满了各种可能性。地球上有七十多亿人口，每个人都是独一无二的存在，同时每个人都拥有无限的可能性。

我们不能说乞丐就永远无法成为千万富翁，也不能说平民就永远无法步入政坛，无法站在权利的顶端。每个人的未来都是充满可能性的，无论他处于社会的哪个层次，无论他有什么样的经历，都有可能获得成功，都有可能创造奇迹。

霍金身患痼疾，却能凭借自己的大脑，以及两根能动的手指，畅游科学的海洋，甚至推动了人类的科学进程。"可能性"在他身上得到了完美彰显。其实，每个平凡之人都能拥有不平凡的人生，只要愿意付出努力，就能大大增加成功的可能性。

美国斯坦福大学的卡罗尔·德韦克教授在《终身成长：重新定义成功的思维模式》一书中，将人的思维模式分为两种：一种是固定型思维；另一种是成长型思维。

在固定型思维者看来，人的能力是先天产生的、不变的，失败是因为自身的能力有限。他们不愿意接受挑战，不愿意接受改变，不愿意发掘生活中充满可能性的事物，而只愿意做自己认为有能力完成的事情。

在成长型思维者看来，人的能力和智力是可以不断提高的，做任何事情都离不开自身的努力。他们喜欢挑战一切，不畏惧困难，懂得在批评和失败中总结经验，不断完善自己，进而获得成长与进步。他们注重激发自己的潜能，认为未来充满了可能性！

在这两种思维模式的影响下，往往会出现两种不同的行为模式：故步自封和不断进取。

关于宇宙未来的可能性、关于人类文明进程的可能性、关于人类科学发展的可能性，我们只能去想象、推测，却难以改变。但是，关于我们自身未来的可能性，我们却能将它们牢牢掌握在自己手中。

所以说，无论什么事情，只要有变坏的可能，我们就不能没有防范意识。同样的道理，无论处于怎样的困境之中，只要还有一丁点向好的可能，我们就不能放弃，就要为之付出努力。

凡是有可能出错的事，
就有可能被做错

　　人人都会犯错，再聪明的人也无法把所有事情都做正确。这也是墨菲定律的一个重要体现——凡是有可能出错的事，就有可能被做错。我们不要侥幸地认为，这种小概率事件很难发生。事实上，它发生的概率高得远远超出我们的想象。

　　举一个简单的例子：飞机被认为是世界上最安全的交通工具之一。有关数据表明，飞机事故造成人员伤亡的概率是三百万分之一。换句话说，假如我们每天乘坐一次飞机，也要飞上 8200 年才有可能遇到一次事故。但现实的情况却是，机毁人亡的事件几乎每年都会发生。

　　再比如，曾经轰动世界的"泰坦尼克号邮轮沉没事件"——建造者曾宣称这是一艘永不会沉没的轮船，因为它的吨位大且设备完善。但在 1912 年 4 月的首次航行中，泰坦尼克号邮轮还是在一片远离密集冰川的海域上，与冰川相撞了。

　　很多人认为，这艘轮船发生事故的概率太小了，所以并没有配备太多的救生艇。即使在灾难发生前有过多次预警，人们也没有太在意。因为每个人都有一定的侥幸心理，认为小概率事件发生的可能性极小，甚至可以忽略不计。但事实却与之相反，正是由于疏忽大意，正是由于人们缺少安全意识，从而加大了事故发生的可能性。

上面这种现象也可以用统计学中的"大数定律"来解释：某一个极小概率发生的事件，当实验的次数趋向于无穷大的时候，纵观整个发展历程，小概率事件发生的概率趋向于1，也就是说，必然会发生。这就好比做一项工作有很多种方法，其中一种方法出错会导致事故的发生，那么肯定会有人按照这种方法去做。所以，我们不能认为事件发生的概率小，事件就不会发生了。

侥幸心理会让我们松懈大意，进而低估事故的发生概率，从而做出错误的判断。那么，我们应该以怎样的心态去面对"有可能出错的事"呢？

第一，不要抱有侥幸心理。侥幸心理是人类的自我保护本能。当我们遇到压力、风险、危机，感到焦虑不安，心理失去平衡的时候，侥幸心理便会"挺身而出"，进而产生一种不确定的乐观情绪。这种不确定的乐观情绪支撑着人的精神层面。但它并不是基于现实产生的，甚至与现实相反，它的作用就是让人的失衡心理及精神状态得到暂时的稳定。

在某些情况下，侥幸心理会让人产生乐观的心态。但对于一些懒散之人，或者对于想要投机取巧、一夜暴富、一劳永逸的人来说，侥幸心理就会严重影响他们的心理和行为。比如，有的人总想通过赌博、炒股、博彩等行为实现人生飞跃。

因此，面对"有可能出错的事"，我们不要抱着侥幸心理认为它一定不会发生，应该做到防微杜渐，以客观严谨的态度去面对。

　　第二，未雨绸缪，做好预防工作。中国有一句话叫"饱带干粮，晴带雨伞"，意思是说，就算吃饱了饭出门，也要带足干粮；哪怕晴天出门，也要带上雨伞。在面对"有可能出错的事"时，我们也应该未雨绸缪，做好预防工作，以一种积极的态度去应对每一种可能性。这不仅是一种有远见的保护措施，也是一种降低风险的有效手段。

　　第三，正视错误，汲取失败的经验。如果错误不可避免地发生了，我们就应该正视错误，并且汲取失败的教训。

　　心理学上有一个著名的"特里法则"，它源于美国田纳西银行前总经理特里的一句管理名言：承认错误是一个人最大的力量源泉，因为正视错误的人将得到错误以外的东西。

　　每个人的一生当中都会出现错误与失败，这是再正常不过的事情。但对待错误与失败的态度将决定一个人的未来。当错误不可避免地出现时，我们首先要做的是正视错误，汲取失败的教训，避免以后出现同样的错误。要知道，错误的潜在价值在于其对创造性思维的培养有很大的帮助。

任何事都没有表面看起来那么简单

墨菲定律告诉我们，任何事都没有它表面看起来那么简单！我们应该如何理解这句话呢？首先我们应该分清，任何事物都会以两种形式存在，一种是被大脑录入、处理后的主观认识物，另一种是现实世界里的客观存在物。

每个人看待事物、理解事物时都会受到主观认知的影响，但这种主观认知并不一定完全符合客观事实，甚至与客观事实完全相反。因此，我们在看待、理解或判断某个事物时，不能仅依靠主观认知，还应该尊重客观事实。

什么是主观认知呢？主观认知是指一个人的心理状态、思维方式、思想意识等。从根本上来说，主观认知也是客观事实的反映，但由于经过了大脑思维的整合和加工，于是就存在着符合现实、脱离现实，或者超越现实、歪曲现实等多种情况。

什么是客观事实呢？就是真实存在于个体经验之外，存在于个体的理解和想象之中的客观真实的事物。在客观世界里，一切都具有真实性。无论客观世界有多么宽广，又有多少事物在发生着变化，也无论我们是否接受和适应，它们对于我们来说都是最真实的存在。

从根本上来说，主观认知和客观事实之间存在着相互关系——客观事实是主观认知的基础，而主观认知是客观事实的反映。

不过，主观认知对客观事实的反映并不是机械的、死板的、不变的，也不是完全照抄照搬的，而是随着外界事物和内在心理的变化而变化的。而且，这种反映往往还是综合的、经过大脑处理的，有时候甚至是复杂的、歪曲事实的反映。

这样一来，主观认知和客观事实之间就会产生一定的差异性。也就是说，我们看到的事物，可能只是主观认知里的样子，而不是客观事实里的样子。

当我们能够分清主观认知与客观事实之后，就会更加自觉地从客观事实出发，而不会过分依赖于自己的主观认知，更不会以个人的想象和喜好来决定自己的行为。而且，当我们以客观事实为标尺来检验自己的思想和言行时，就会发现很多事确实没有表面看起来那样简单。只有尊重客观事实，不以主观认知作为唯一的评判标准，我们才能将犯错的概率降到最低。

著名心理学家丹尼尔·卡尼曼认为人的大脑存在两个系统，也就是大脑处理信息时往往依赖于"两个系统"，其中一个系统倾向于感性，它能够快速地、自动化地、情绪化地处理信息，另一个系统倾向于理性，它能够有逻辑性地、有意识地、慎重地处理信息。

通常情况下，人们在处理一些简单的信息时，会运用到感性思维，而在处理一些复杂的信息时，则会运用到理性思维。

当然，每个人的思维习惯不同，即使面对同样的问题，有的人依赖于感性思维，有的人则依赖于理性思维。然而，我们在看待、理解和判断某个事物时，应该尽量运用理性思维。

所谓理性思维，就是建立在客观事实和逻辑推理基础之上的思维方式。它能够让人们有效避免主观情绪的影响，让人们在思考、处理问题时不冲动、不凭感觉行事，集中注意力解决问题本身。

世界上不存在绝对理性的人，却有偏向于理性思考的人。他们在思考、处理问题的过程中，更看重客观事物的发展规律，而不是自身的情感体验。每个人的主观认知不同，对于事物的理解也不一样，但这并不会改变客观事实。所以，我们应该尊重客观事实，以更多的理性思维去思考，不能总被主观认知控制。

总之，墨菲定律说的并不是宿命或概率，其前提是"可能出错的事"，也就是说某个事物本身并不完善，有出错的可能性，虽然不能确定何时发生，发生在谁的身上，但肯定会发生。这便是客观事实，也是对"任何事都没有表面看起来那么简单"的最好注解。

永远不要放弃重来一次的机会

墨菲定律告诉我们，不管是主观因素还是客观因素，人都难免会犯错，都会遇到挫折和失败。从这个意义上来看，世界上便没有谁比谁更幸运。而在面对同一件事情的时候，不同的心态往往会导致不同的结果。如果你不能调整好心态，可能永远就会被困在墨菲定律中，越是努力，就摔得越厉害。

一位男士暗恋自己的女同事很久了。于是，他决定写一封饱含爱意的情书给女同事。他买来最贵的笔和纸，思考了很久很久，用美丽的英文花体字写了一遍又一遍，稿纸也撕了一页又一页——哪怕是一个词没有用对，或者一笔写得不好，他都觉得不完美，要撕掉重写。就这样一直写了很久，他也没有写出一封令自己满意的情书来。

因为他越想写好，手就越抖，就越容易出错。他绝望地看着垃圾桶里满满的废纸团，最终心灰意懒地放下手中的笔，他决定不写了。他感觉自己再怎么努力写，也不可能写好了。

现实生活中，类似这样糟糕的事情太多了。你越想把某件事情做好，就越容易出错；你越害怕某件事情发生，最后偏偏就发生了。这也符合墨菲定律，如果事情有变糟的可能，那它就真的可能变得更糟。

上面那位男生为什么写不好一封饱含爱意的情书呢？因为他给自己制订的目标太高，从而导致自己内心过于紧张，手不自觉地产生了"目的性颤抖"，心中产生了"目的性恐惧"。这样一来，他越努力想要写好，就越写不好。

可见，如果我们将阶段性目标制订得太高，也不见得是好事。如果我们每天制订的都是极限的学习计划或工作计划，那么我们最后往往会陷入墨菲定律之中。那该如何解决这个问题呢？最好的方法就是学会分解目标，将极限目标分解成一个个小的阶段性目标，然后逐一完成。另外，我们还应该调整好自己的心态，不要患得患失，更不要害怕失败。

很多人不知道，心理学上著名的"瓦伦达效应"，其实是真实发过的一个故事：

瓦伦达是一位高空钢索表演者，他技艺高超，心理素质极佳，在美国几乎家喻户晓。可是，在一次高空表演中，瓦伦达却失足掉落，不幸身亡了。

事后，大家都感到很惋惜，同时也在讨论：瓦伦达为什么会失误呢？

瓦伦达的妻子在接受记者采访时含泪给出了回答："我早就有预感，他这次表演可能会出事，因为以前每次表演前，他都自信满满，专心为表演做好准备，而不会去想表演是否成功；这次表演前，他却一直在说'这次表演太重要了，一定不能失败，绝对不能失败'。"

后来，人们把这种专心做事，不在意这件事的意义和结果，不患得患失的心态，称为"瓦伦达心态"，又把这种害怕失败而最终导致失败的情况称为"瓦伦达效应"。

生活中很多人会受到"瓦伦达效应"的影响。比如，一位篮球运动员在比赛前提醒自己一定要进球，而他的大脑中往往会出现没有进球的情景，这一情景会直接影响到他的发挥，而现实的情况就是——最终真的没有进球。

所以，害怕失败就是最大的失败。假如你在做某件事情之前不去考虑太多问题，不被功利心困扰，专心去做那件事情，那么最终的结果可能就是成功。

这个世界上没有永远的失败者。当你因为心理原因或者外界干扰而失败时，请不要气馁，你要相信自己，相信只要在未来自己能够注意细节，注意小错误的影响，那么就能有效地避免大错误的发生。因为大的失败都是由一连串小的错误组成的。

当失败不可避免地出现之后，我们要做的不是自怨自艾、灰心气馁，而是立刻行动起来，弥补自己的错误，让失败的影响力逐渐缩小。最后一定要记住，永远不要放弃重来一次的机会。

墨菲
定律

第二章

积极情绪，
"魔高一尺，道高一丈"的力量

那些没有目标、没有计划的人，在现实生活中就像"无头苍蝇"一样，不知道在什么时间点做什么事情；工作总是拖延，给自己设定的目标总是无法完成；行动没有方向，人生也没有规划，处处都被墨菲定律困扰、牵绊……

墨菲定律

Murphy's Law

思维导图

无所畏惧
- 好运气可能随时降临，也可能永远不会降临
- 任何事情都不会像它表面上看起来那么简单
- 所有任务的完成周期都会比预计的时间长
- 任何事情如果有出错的可能，那么就会有极大的概率出错
- 如果你预感可能会出错，那么它就必然会出错
- 怕什么来什么，永远不要放弃重来一次的机会

认识自我
- 镜中我效应：自我认知基于其他人对自己的看法
- 焦点效应：你并没有想象中那么重要
- 过度自信效应：高看了自己，就看不透事情的本质
- 沉锚效应：人易受第一印象影响
- 巴纳姆效应：人易对笼统性的描述对号入座
- 自利性偏差：我的成功是必然，别人的成功是偶然
- 羊群效应：人都有一种从众心理
- 刺猬法则：与人交往要把握好距离

放下焦虑
- 跳蚤效应：人生不设限，能力无上限
- 约拿情结：人不仅害怕失败，也害怕成功
- 杜根定律：信心决定成败
- 投射效应：心中有光，自然能看到出口
- 酸葡萄效应：生活很苦，但乐观很甜
- 洛克定律：确立目标，专注于有可能改变的事情
- 卡瑞尔公式：平静接受最坏，理性追求最好
- 心理账户理论：失去的痛苦比获得的快乐更强烈

摆脱惯性
- 沉没成本效应：当断不断，反受其乱
- 马太效应：强者愈强，弱者愈弱
- 马蝇效应：让压力转化为动力
- 飞轮效应：优先去做内心抗拒的事情
- 习得性无助：理性地为失败找到正确的归因
- 禁果效应：越是禁止的，越容易激发好奇心
- 破窗效应：把小分歧解决在萌芽状态

防范未然
- 青蛙效应：警惕量变引发质变
- 棘轮效应：由俭入奢易，由奢入俭难
- 鲶鱼效应：危机感激发无限潜能
- 鸵鸟效应：主动出击，危机变契机
- 应激机制：早做打算，多做打算，做最坏的打算
- 多米诺骨牌效应：千万不要败在第一步

知足常乐
- 幸福递减定律：快乐活在当下，尽心就是完美
- 贝勃定律：雪中送炭胜过锦上添花
- 机会成本：换一个人就会更好吗？
- 布里丹毛驴效应：爱情面前切记不要犹豫不决
- 史华兹论断：能从坏中看好，就会别有洞天
- 踢猫效应：坏情绪会传染，导致恶性循环
- 霍桑效应：适度发泄负能量才能轻装上阵
- 鳄鱼法则：不要总是关注舍弃时的痛苦

掌握技巧
- 晕轮效应：以点概面，以偏概全
- 彼得原理：物尽其用，人尽其才
- 内卷化效应：若要相爱经久不衰，切勿相处经久不变
- 稀缺效应：得不到的永远在骚动
- 相悦法则：我们总是喜欢那些喜欢我们的人
- 布利斯定理：充分计划才能降低失败概率
- 贝尔纳效应：化繁为简，专心做一件事
- 手表效应：明确目标与标准的唯一性
- 瓦拉赫效应：与其补足短板，不如经营优势
- 蘑菇定律：年轻人应该学会忍耐和坚持
- 二八定律：做任何事情都要主次分明

善于沟通
- 首因效应：给对方留下良好的第一印象
- 近因效应：决定关系发展方向的最后印象
- 自重感效应：每个人都觉得自己很重要
- 登门槛效应：循序渐进，不要急于求成
- 曼狄诺定律：微笑是世界上最美的行为语言
- 古德曼定律：适当沉默，反而提升沟通效果
- 阿伦森效应：给别人带来挫败感的人不受欢迎
- 虚假同感偏差：停止以己度人，尝试换位思考

求同存异
- 海潮效应：优秀的人总是互相吸引
- 名片效应：有意识地与对方产生共鸣
- 多看效应：提高自己在别人面前的熟悉度
- 改宗效应：讨某人喜欢，可反其道而行之
- 囚徒困境：成为利益共同体，实现利益最大化
- 互惠关系定律：给予就会被给予，剥夺就会被剥夺
- 框架效应：怎么说比说什么更重要
- 超限效应：刺激过多往往会事与愿违
- 承诺一致性原理：让对方自己说服自己

投射效应：
心中有光，自然能看到出口

中国有一个成语叫"疑邻盗斧"，意思是说，有一个人怀疑自己的邻居偷了自己家的斧头，因此他看邻居的一举一动都像是在偷东西，无论邻居做什么，他都感觉人家像小偷。但最后他却发现，自己家的斧头根本没有丢。这就是典型的投射效应。

投射又称为外射作用，是指将自己身上的东西，比如，个性、好恶、欲望、想法、情绪等，像投影仪一样投射到他人身上，认为他人也有同样的认知与感受。简单来说，就是以自己的评判标准去衡量他人，比如，心地善良的人认为别人都是善良的，斤斤计较的人认为别人都很小气。

投射效应的提出者是精神分析始祖弗洛伊德，他认为，心理投射就是一种防御机制，用于减轻焦虑的压力，及保卫自我以维持内在的人格。这是人类早期的心理防御机制之一。

在儿童发展心理学里面，有一个"同化投射"的概念，指那些处于以自我为中心时期的儿童，常常会认为他人的感受是和自己相同的，他们只能从自身的角度去认识和理解他人，而无法从他人的角度去认识和理解他人。因此，"同化投射"往往带有潜意识表达的作用。

在现实生活中，投射效应也经常发生，其表现形式主要有以下三种：

第一种是相同投射，人们通常会在不自觉的情况下，将自己的感受投射到他人身上，从自我出发做出判断。比如，自己觉得很热，就以为别人也很热，于是不问别人的意见便打开了空调；老师自己认为特别简单的题目，草草讲解几句就完事，可学生们却听得一头雾水。

第二种是愿望投射，即将自己强烈的主观愿望投射在他人身上，这种类型的投射通常发生在老师与学生、家长与孩子之间。比如，一个学生强烈希望得到老师的赞赏，当老师对他进行一般性点评时，他就会重点关注老师夸奖他的地方，最后将一般性点评理解为赞赏的评价。

第三种是情感投射，就是人们在看待某个人或者某个事物时，往往会代入个人情感。比如"情人眼里出西施"，看自己喜欢的人会越看越喜欢，觉得这个人哪里都好；相反，如果对方是自己不喜欢的人，则越看越不顺眼，看这个人哪里都不对劲。

美国心理学家罗斯曾经做过一个有关"投射效应"的实验：罗斯来到一所大学，向80名参加实验的大学生征求意见，问他们是否愿意背上一块大牌子在学校里走几圈，结果只有48名大学生同意了这个"奇怪的实验"。

在公布实验结果之前，罗斯单独询问那些大学生："你认为其他同学会同意吗？"结果，那些同意背上牌子在学校里走几圈的大学生大多认为其他学生也会同意，而那些表示拒绝背牌子的大学生普遍认为其他学生也同样会拒绝。

这个实验充分说明，这些大学生将自己的态度投射到其他学生身上了。

从客观上来说，投射效应是一种严重的心理偏差，容易导致主观臆断并陷入偏见的"泥潭"。因此，我们在日常交际、沟通、决策的过程中，要有自己正确的世界观与价值观，要尽量避免投射效应的影响，尽量做到客观、全面地看待事情，避免以己度人。

不过，我们也可以有效地利用投射效应的积极面去改变一些看法，去解决一些问题。投射效应也告诉我们一个简单的道理，那就是——只要心中有爱，哪怕世界荒芜，眼里也会看到美好；只要心中有光，哪怕眼前一片黑暗，自然也能够看到出口。

墨菲定律指出，如果你预感可能会出错，那么它就必然会出错，这也是一种投射效应。我们心中的预感往往会影响到我们的思想与行为，最后影响事情的结果。所以，当我们预感到可能会出错的时候，最后往往真的会出错。

如果我们从一开始就预感到自己不会犯错，那么犯错的概率就会大大减少了。这不是唯心主义，而是看待事物的态度与实际行动之间的相互关系。

酸葡萄效应：
生活很苦，但乐观很甜

时至今日，只要文学评论家们谈到鲁迅先生的《阿 Q 正传》，几乎都会提及"精神胜利法"，而且，大多数人会以一种批判的态度来诠释它。

"精神胜利法"就没有值得认同的地方吗？随着时代的发展，"精神胜利法"也被赋予了全新的含义，比如，"退一步海阔天空"的豁达，再比如，酸葡萄效应。虽然这些全新的解释并不符合鲁迅先生的本意，但它们却更具时代色彩，更符合现代社会的发展，以及现代人的心理需求。

什么是酸葡萄效应呢？一只肚子饿的狐狸正好路过一个葡萄架，它看到一串串熟透的葡萄挂在上面，口水都流出来了。可葡萄架太高，狐狸踮起脚也够不着。于是，聪明的狐狸想到了一个好办法——它向后退了几步，然后猛地跳起来，可是离葡萄还是差一点点。

经过好几次跳跃，狐狸仍没有成功。狐狸有些累了，也有些心灰意懒。不过，它马上又笑了起来，安慰自己说："这些葡萄看着很诱人，但说不准是生的，又酸又涩呢。幸亏没吃到嘴里，不然会难受死的。哼，这种酸葡萄，就是送给我吃，我也不愿意吃！"狐狸这样想着，心安理得地走了，它去寻找别的食物了。

可见，酸葡萄效应指的是自己的需求无法得到满足，产生了挫败感，为了消除内心的不安而编造一些理由进行自我安慰，让自己从不安、焦虑的情绪状态中解脱出来，让自己不会受到伤害。这样看来，酸葡萄效应也是人类的一种自我保护机制。

在现实社会生活中，酸葡萄效应也十分常见。当我们遭遇困难、挫折和失败，得不到自己想要的东西时，就会将其丑化，将其变成狐狸口中的"酸葡萄"。比如，面试工作失败了，内心本应该有些失望，但转念想想这份工作也有各种不好的地方——工资不够高、福利不够好，还不让请假……这样想一想，内心的失落感没了，反而多了一丝欣慰。

当我们努力追求的目标无法实现时，就会强调自身既得的利益，淡化结果，从而让自己不至于过分失望和痛苦。比如，一起参加选秀节目的朋友入围了，而你却被淘汰了。为了减轻内心的失望与痛苦，你可能会安慰自己说："这次入围又不代表会成为冠军，就算成为冠军也不一定会红，没什么可羡慕的。我虽然被淘汰了，但有了参赛经验，还有更多的比赛在等着我呢！"

作为一种心理防御机制，酸葡萄效应最积极的意义就在于，它能够帮助我们在遭遇困难与挫折时减轻或者免除精神压力，让心理保持平衡，从而能更好地适应现实的社会生活。

《伊索寓言》中，狐狸因为吃不到葡萄而大受打击，在面对挫折和心理压力时，它通过一种"歪曲事实"的消极方法让自己获得了心理平衡。仅从结果来看，我们可以说酸葡萄效应是一种积极的心理防御机制。

鲁迅笔下的阿 Q 不也是如此吗？在被别人打的时候，他嘴里念叨着"反正是儿子打老子"，随后便悠悠然忘却了皮肉的苦痛。现实中有多少人会采用这种阿 Q 式的"精神胜利法"来缓解自己的压力与痛苦，让自己能够保持心理平衡呢？

不可否认，酸葡萄效应确实也有着实际的意义和作用，尤其在墨菲定律的影响下，我们不可避免地会犯错，会饱尝失败的酸楚，会遇到困难、挫折，以及其他不可预料的情况。

当我们认为自己所面临的压力和痛苦已经无法承受的时候，不妨采用酸葡萄效应，让自己获得精神上的胜利，这样才不至于走向极端。要知道，只要能够缓解心理上的压力，能够让我们的心理保持平衡，它便具有现实的积极意义。

生活很苦，但乐观很甜。无论是阿 Q 的"精神胜利法"，还是狐狸的"酸葡萄心理"，都因其现实的积极意义，而变得合理化了。不过，酸葡萄效应也只能暂时缓解我们内心的压力与痛苦。我们不能依赖于此，更不能停留于此，而应该马上采取积极的应对措施，解决问题，让自己获得真正的积极情绪。

洛克定律：
专注于改变有可能改变的事情

在国内，篮球比足球更受欢迎。而篮球架的设计高度也有一番说辞。如果将篮球架设计得太矮，那样进球容易，却失去了比赛的乐趣；相反，如果把篮球架设计得太高，足有三层楼那样高，恐怕也没有人玩了。正因为篮球架的设计高度合理，不高也不低，才让篮球运动风靡世界。

所以说，有时候我们设置的目标过大并不见得就是好事。实现目标的难度过大，我们就会缺乏执行的动力；目标适中，"跳一跳，就够得着"，这样的目标才更能激发我们的潜力，我们才乐于执行，并且更容易获得成功。

埃德温·洛克不仅是一位管理学家，还是美国马里兰大学的心理学教授。他和同事经过多年的研究与现场调查后发现，不管人们采取哪一种激励方式，都离不开目标设置。无论哪一种激励因素，都是有一定目标的。所以，研究激励问题的根本就是高度重视目标设置，并尽可能设置合适的目标。基于此理论，洛克在 1968 年提出了著名的"目标设置理论"，简称"目标理论"，也被称为洛克定律。

美国管理学家埃德温·洛克提出的"目标设置理论"与篮球架的设计原理有着异曲同工之妙。

洛克定律明确指出：当目标既是未来指向的，又是富有挑战性的时候，它便是最有效的。也就是说，你可以为自己制订一个总的高目标，但也一定要为自己制订一个更重要的实施目标的步骤。我们千万别想着一步登天，多为自己制订几个"篮球架子"，然后一个个去克服和战胜它，慢慢地，你就会站在成功之巅。

我们应该明白，不同的目标所起到的作用是不同的，如果你想要在短期内达成需要长期才能实现的目标，那定然是不现实的。任何一个长期目标的实现必然是无数个中期目标堆积起来的，而每一个中期目标的实现又是无数个短期目标积累起来的，只有实现了无数个短期目标，才会实现长远的目标。所以，我们不仅需要设置目标，还必须考虑到目标的合理性。

埃德温·洛克认为，最合理的目标应该像"篮球架"一样，符合以下三个特征：目标的具体性，即目标能够被精确观察和测量的程度；目标难度适中，即实现目标的难度不宜过低，也不宜过高；目标的可接受性，即目标被认可的程度。

合理的目标能够帮助我们避免很多问题和意外的发生。目标过高，或者目标过低，都容易引发墨菲定律，让我们不得不去面对那些不可避免的错误和接二连三发生的意外。

合理的目标容易实现，也容易让我们获得成就感，更容易让我们处于积极的情绪状态中。

当我们专注于改变有可能改变的事情时，就会发现事情并没有想象中那样复杂。

设置合理的目标只是第一步。如果目标是终点，那么具体实施的步骤就是"路线图"，为了达到那个目标需要经过哪些地方，需要做什么事情，这些都是我们应该考虑的。

格莱恩·布兰德在自己的著作《一生的计划》中写道："目标和计划是通向快乐与成功的魔法钥匙！有了明确的学习目标和计划，并把它们写下来付诸行动的人，他们将来的成就是有目标和计划但仅停留在脑子里或纸上的人的 10 倍至 50 倍。"

一个再合理的目标，一个再完美的计划，如果只是坐而论道，光说不练，没有被执行，也产生不了任何效果。如果不想让自己成为"理论上的巨人，行动上的矮子"，就应该立即行动起来，按计划执行每一项任务，完成每一个步骤。

那些没有目标、没有计划的人，在现实生活中就像"无头苍蝇"一样，不知道在什么时间点做什么事情；工作总是拖延，给自己设定的目标总是无法完成；行动没有方向，人生也没有规划，处处都被墨菲定律困扰、牵绊……

想要改变杂乱无章的人生，就要学会给自己设置一个合理的目标，专注于改变有可能改变的事情，一步步向前，在一次次成功的经历中获得成就感。

卡瑞尔公式：
平静接受最坏，理性追求最好

卡瑞尔公式又叫卡瑞尔万灵公式，其主要内容是，只有让自己从心理上接受最坏的情况，才能让自己集中所有精力去解决问题。这是应对墨菲定律的最好心态——平静接受最坏，理性追求最好。

威利·卡瑞尔年轻的时候在纽约水牛钢铁公司做工程师。一次，卡瑞尔去密苏里州出差，公司让他去那里安装一台瓦斯清洁机。他费了好大工夫才把清洁机安装好，可公司仍旧认为不合格。

卡瑞尔因此有些气恼，晚上睡觉的时候失眠了。他躺在床上思考了很多，终于意识到，再多的烦恼也无法解决问题，倒不如想一个不用烦恼就能解决问题的方法。这便是著名的"卡瑞尔公式"。

卡瑞尔公式是这样的，首先，想一想最坏的情况是什么——可能是老板会把整个机器拆掉，公司损失20000美元，我丢掉这份工作——这样想也不过如此，并没有太糟糕；其次，接受这个最坏的情况——我可能会丢掉工作，但我可以另找一份，至于我的老板，他们也知道这是一种新方法的试验，可以把20000美元算在研究费用上；最后，平静地改善最坏的情况——在接受最坏的情况之后，再平静地把时间和精力用来改善那种最坏的情况。威利·卡瑞尔做了几次试验，终于发现，如果再多花5000美元加装一些设备，问题就可以解决了。那么公司不但没有损失20000美元，反而很快就达到了目标。

我们可以认为，卡瑞尔的这次遭遇是典型的墨菲定律——他在安装机器的过程中，一定很害怕出现问题，结果问题还是出现了。如果没有卡瑞尔公式，墨菲定律可能会继续蔓延下去，最后也会出现真正的最坏的情况——公司损失了20000美元，威利·卡瑞尔丢掉了工作。

但是，卡瑞尔公式却打破了墨菲定律，没有让坏事情继续变得更坏。可见，当墨菲定律开始起作用时，我们首先应该做的不是抗拒，也不是逃跑，而是从心理上接受，让自己保持平静，然后才能更好地集中时间和精力去解决问题，扭转局面。

接受现实不是承认失败，而是意味着接受磨难和挑战，坦然地面对糟糕的世界——自己所面临的困境，自己所犯的错误。正如李开复所说："用勇气改变可以改变的事情，用胸怀接受不能改变的事情，用智慧分辨两者的不同。"

当我们面对无法改变的环境时，只能选择改变自我，过去的习惯常常会阻碍个人的成长，如果我们能换个角度去看问题，就可以改变我们对事物的看法。如果墨菲定律让失败不可避免，那么就想一想最坏的情况，坦然地接受它，然后再想办法扭转败局。这便是卡瑞尔公式的智慧。

美国成功学大师戴尔·卡耐基在《走出忧虑人生》主题演讲中将卡瑞尔公式定义为："强迫自己面对最坏的情况，首先在精神上接受它，然后集中精力从容地解决问题，从根源上抹除忧虑。"如果我们一直沉溺在失败的痛苦中，可能永远都没有获得成功的机会。因为烦躁、忧虑、痛苦等负面情绪，会大大削减我们的思考能力和决策能力。

当我们从心理上接受了最坏的情况时，情绪上的波动会大大减小，内心更趋于平静。而当我们站在一个可以集中精力解决问题的位置上时，很多问题往往会迎刃而解。

"事必如此，别无选择"说的是，如果客观的环境是我们自己无法改变的，那么我们就必须学会去接受它，然后尝试着改变，为自己找到一条出路。

未来会发生什么，我们无从知晓，但是我们可以确定一点，那就是未来一定掌握在自己手里。是勇于接受现实、接受改变、接受挑战，还是故步自封，在困境中苦苦挣扎，抗拒所有的变化？选择权永远都在我们自己手里。

墨菲
定律

第三章

认识自我，
解除自我蒙蔽的错觉

人们在思考问题的时候，总是会受到思维定式的影响，进而按照以往的经验或者固定的、模式性的思维去判断和选择。尽管思维定式有助于大脑的思考，但更多时候会影响到人们的决策，让人们在无意识的情况下做出错误的决定。

镜中我效应：
镜子中的真实与虚无

希腊圣城德尔斐神殿上镌刻着一句著名的箴言：认识你自己！千百年以来，人类从呱呱坠地的那一刻起就已经开始了自我探索的旅程。在认识这个世界之前，我们首先要学会认识自己，要知道自己的优势与劣势在哪里。不过，认识自己可能是世界上最难做的事情，有的人活了一辈子也不知道自己能做什么。

一个人的行为和所做的决定都会受到主观意志的影响，也就是说，自己所做的事情、所做的决定都是由"我"做出来的，而不是别人。如果一个人不了解自己，甚至不知道自己能做什么，那他如何能找到出路呢？

人之所以很难认清自己，主要原因就在于，一个人的自我观念是在与他人的交往中形成的，一个人对自己的认识是他人对自己看法的反映，一个人的自我感觉是由别人的思想以及别人对于他的态度所决定的。这便是美国心理学家查尔斯·霍顿·库利提出的"镜中我效应"。

查尔斯·霍顿·库利在自己的著作《人性与社会秩序》中写道："每个人都是另一个人的一面镜子，反映着另一个过路者。"我们可以从字面上去理解它的内涵，也就是说，我们可以从镜子中看到自己的形象，只不过在自我认知的过程中，镜子变成了别人，镜子中的形象便是别人对"我"的看法。这可能与一般的社会心理学观点不同——"镜中我效应"中的"自我观"强调与他人的相互作用，而一般的社会心理学强调"不要在意他人的看法"。

在"镜中我效应"中，"自我认知"的方式有三种：想象他人是如何认识自己的；想象他人在这个认识之上是如何评价自己的；通过他人的认识和评价进行"自我认知"。

为什么会出现"镜中我效应"呢？其原因有三点：

第一，社会化的结果。任何一个人进入社会之前，都只是一般意义上的"生物人"，只有经过社会化之后，才能变成有思想、有感情的"社会人"。这种转化，或者说对自我的认知，就是通过在社会生活实践中与他人、群体、社会互动和相互影响而形成的。

第二，个人对"镜子"的认知与评估作用。通常情况下，个人只会对重要的"镜子"做出反应，而对不重要的"镜子"忽略不计。可见，虽然"镜子"有时十分重要，但也取决于个体是如何看待和评估"镜子"的。

第三，"镜中我"与"镜外我"的交互作用。"镜中我"是他人眼中的我，或者我所看到的他人眼中的我，而"镜外我"是客观存在的真实的我。由于"镜中我"经过他人的"折射"，或许与"镜外我"并不符合，这时可以通过多个"镜子"对照认识自己。

"镜中我效应"最经典的应用场景就是关于人性的善与恶的讨论。比如，小说中经常会出现这样的情节——有一位十恶不赦的人来到某个地方，不经意间做了一件好事，所有人便认为他是好人，还给他很多正面的评价。渐渐地，他开始相信自己是他人眼中的"好人"，并且开始用"好人"的标准来要求自己，甚至为了保护那些认为他是"好人"的人，而和过去同样十恶不赦的人反目成仇，最后用自己的生命赎清自己以前的罪恶，成了真正的好人。

我们可以将这个故事情节看成一个"镜中我"塑造"真的我"的过程。虽然故事有些老套，却蕴藏着深刻的心理学理论。在某些特定的情况下，"镜中我效应"甚至能够超越牧师和法师，将恶转化为善，将坏人变成好人。

通过"镜中我效应"，我们能够重新认识自我，解除自我蒙蔽的错觉。现实生活中，很多人之所以陷入墨菲定律中，就是因为对自己认识不够——过高的自我评价，让侥幸心理不断滋长，最后输在最不可能出错的地方；过低的自我评价，让错误接二连三地出现，自己却认为自己没有能力去解决，最后让事态越来越糟糕。

还有一些人在陷入困境之后，怨天尤人，埋怨社会的不公、人生的不幸，一方面想要改变现状；一方面又墨守成规，不愿意改变自己。有一句话叫"穷则思变，困则谋通"，我们处于不断变化的世界中，要随时改变自己，顺应世界的变化。当前面的路走不通时，要学会改变自己的思路和观念。或许，因为一个看法或者一个想法的改变，我们便能豁然开朗，找到另一条光明的出路。

焦点效应：
你并没有想象中那么重要

　　有的人总是把自己看得太重要，换了一个新发型，或者穿了一身新衣服，就以为自己会成为大家关注和讨论的焦点。可事实上，你并没有想象中那么重要，人们最关注的往往是自己。

　　美国心理学家肯尼斯·萨维斯基和康奈尔大学心理学教授汤姆·季洛维奇做过一个有趣的实验：他们找来一位普通的大学生，让他穿上一件印着过气歌星头像的 T 恤。起初，大学生表示难以接受，因为他觉得这件很 low 的 T 恤一定会引来全校师生的嘲笑。但为了实验，他还是勉强答应了。

　　当他穿着那件 T 恤走进教室时，他感觉十分窘迫，认为至少有一半的同学注意到了那件 T 恤。于是，他迅速地离开了教室。然而，两位心理学家在询问教室里的同学是否注意到最后进来的那位同学 T 恤上的头像时，却只有大约 20% 的学生表示自己注意到了，而其他 80% 左右的学生说自己根本没有注意到。

　　两位心理学家由此得出结论：人们太在乎和自己有关的事物，以为别人的目光都会聚集在自己身上。这就是著名的焦点效应，也被称为聚光灯效应。

焦点效应是指人们高估周围人对自己外表和行为的关注度的一种表现。这个心理学效应表明，人们往往有一种心理倾向，就是把自己看作一切的焦点，过度关注自我，也因此常常高估别人对自己的关注程度。这也说明了一个问题，就是人们内心普遍会有一种"渴望被关注"的心理需求。

焦点效应在生活中十分常见。比如，在一个饭局上，有人不小心打翻了酒杯，或者不小心把筷子掉在地上了，往往会一脸尴尬，认为所有人都在看自己；比如，在看一张大合影照片时，人们总能够在第一时间找到自己，并且特别在意照片中自己的形象；再比如，一群人在聊天，说话的人总会有意无意将话题转移到自己身上；等等。这些现象都说明，我们很容易高估周围人对自己的关注度。其实在别人眼里，我们并没有那么重要。

为什么人们容易受到焦点效应的影响呢？这是因为人类的天性就是"以自我为中心"。这也是心理学上公认的一个事实。

通常情况下，我们会首先关注自己，遇到事情也会先考虑自己。正因为有焦点效应的存在，我们会觉得自己是最重要的，就如同聚光灯下的明星，别人也应该会关注到我们，如果自己做得不好，就会被人笑话。特别是在自己在意或者喜欢的人面前，更会让焦点效应无限放大，认为对方同样关注着自己。

人人都会受到焦点效应的影响，但程度却不一样——有些人受焦点效应的影响非常轻微，那么焦点效应就不会给他带来过多的困扰；如果影响过大，那么他就会经常产生紧张、焦虑、抑郁等问题，这时就需要加以重视，并且进行适当的心理调节。

随着年龄增长、环境变化，以及思维方式的完善，我们受到焦点效应影响的程度也在不断发生着变化。有的人在成长过程中，能够及时地进行调整，建立正确的自我认知，逐渐远离焦点效应的影响，让自己拥有正常的心态。

有的人却因为种种因素——自我认知阻碍、不懂得如何看待他人的评价等，对于焦点效应始终没有正确的认识，最终导致自己的性格走向两个极端——自卑或者自负。

自卑的人很在意他人对自己的评价，在面对他人的负面评价时，往往会陷入自责甚至自我否定的心理状态中。他们本身就像墨菲定律一样，会放大自己的失误，以至于认为自己的失误造成的后果是不可弥补的。

自负的人更容易陷入墨菲定律中，因为他们在自我认知方面往往表现得十分理想化，只看到自己的优点与长处，忽视自己的不足与短处，觉得自己就是舞台的中心、众人的焦点。而在看待别人时则恰恰相反，他们只看到别人的不足与短处，忽视别人的优点与长处。同时，还会拿自己的特长与别人的不足比较，从而产生一种优越感。

可以说，自负的人和自卑的人都很难对自己有正确的认知和判断，并且容易成为墨菲定律的受害者。

诗人鲁藜曾经说过："老是把自己当作珍珠，就时时有被埋没的痛苦。"如果我们总是把自己看得太重要，总是想要成为他人生活中的主角，那么别人不仅不会接受你，反而会对你的骄傲自负产生反感，甚至会轻视你。

在这个世界上，每个人都有自己的优势与劣势，每个人都有自身的价值。我们应该看到自己与他人的差距，不高看自己，也不低看自己，摆正自己的位置。这样才能实事求是，避免很多错误的发生。

过度自信效应：
有种失智叫作"聪明反被聪明误"

美国著名作家戴维·布鲁克斯在《社会动物》一书中写道："人类的头脑是一部过度自信的机器。"在很多情况下，不够自信让人步履维艰。但有时候过度自信又会给人类带来意想不到的灾难。可以说，过度自信也叫作失智，即聪明反被聪明误。

过度自信也给墨菲定律带来了可乘之机。当人们自信过头的时候，往往会高估自己完成任务的能力，而且这种高估会随着人们在任务中的重要性而增强，其中多数人会对未来事件抱有不切实际的乐观心态。

心理学家昆达早在 1987 年便发表论文指出："人们期望好事情发生在自己身上的概率高于发生在别人身上的概率，甚至对于纯粹的随机事件有不切实际的乐观主义。"

过度自信的人在进行自我评价时，往往会高估自己的能力，尤其当他们所期望和预测的结果真实发生时，往往会过度夸大自己的重要性。他们会将成功归因到个人能力上，而忽略外界因素的影响。

在做决策的过程中，过度自信的人会努力搜寻那些支持自己信念的信息，忽略那些不支持自己信念的信息，从而使决策出现偏差。换句话说，过度自信的人在做决策时，往往倾向于自我信念，而较少考虑到实际情况。

大量的认知心理学文献也指出，人很容易过度自信，特别是对其自身知识的准确性过度自信。作为行为金融学的四大研究成果之一，"过度自信理论"在很多职业领域有所体现。比如，外科医生、投资银行家、律师、工程师等，在做判断和决策时，都存在过度自信的表现。

人们之所以会过度自信主要有以下几种原因：

第一，信息积累。每个人都会通过知识和认知去理解世界，同时又会被个性化的认知体系限制住，掉进自我的世界里，这就是所谓的"一厢情愿""自己想当然"。造成这种状况的主要原因就是，人所获取的信息量在不断增加，人的能力却不一定有所提升，当信息积累得越来越多而能力又没有随之提升时，就会产生过度的自信。

现实世界中经常会出现这样的现象。比如，一个人在取得一定的成就后就会误以为自己取得成就的方法适用于任何领域，可事实上，这些方法放在其他领域并不适用。

早些年的摩托罗拉、柯达等商业巨头也因为沉浸在成功的海洋中，过度自信，而忽略了海洋之外翻天覆地的变化，才最终导致被商业的浪潮卷走。经验丰富的桥牌运动员在叫牌的时候往往比缺乏经验的桥牌运动员更自信，可他们时常无法赢得自己可以赢的牌局，因为他们很容易在自己最熟悉、最有把握的情况下疏忽大意。

第二，证实偏见。所谓证实偏见，就是人们倾向于寻找和自己信念一致的意见和证据。比如，有一个人喜欢看科比打篮球，并且对科比参加的每一场比赛都充满信心，就算科比哪次比赛失误了，他也会找到各种证据为科比辩护，而不会寻找与自己观点相悖的证据。这种行为就是证实偏见，它会让人过度自信，因为它只让人看到对自己有利的信息，让人们更加乐观地相信自己的判断，而不去思考事实到底是什么。

第三，禀赋效应。禀赋效应是指人们拥有某个东西时会比没有拥有它的时候高估其价值。比如，有人想要投资某个项目，在得到负面信息的时候会放弃投资，但是在投资之后得到同样的负面信息则会往好的方面去想，认为自己的投资没有那么糟糕。

曾经有这样一则报道，大意是北京市区某黄金地段旧城改造，废墟中有几幢民宅赫然矗立，成为"钉子户"的居民开口要价就是一亿元，远远超出了政府的预算，导致拆迁工作陷入僵局。

这一事件被媒体曝光之后，在网络上引起了轩然大波。网友的观点分成两派：一派认为北京的黄金地段寸土寸金，一亿元不算多；一派认为房主高估了房屋的价值。虽然讨论到最后依然没有定论，但从中也能看到人们普遍存在的一个心理倾向，那就是过度自信，高估自己所拥有的东西。

第四，损失厌恶。损失厌恶在股票买入和卖出过程中体现得最为明显，当买入的股票涨了一点时，人们会想马上卖掉，因为害怕股票再跌下来；而当股票下跌时，人们又不愿意马上卖掉，不愿意接受亏损的事实，总觉得股票一定会涨起来。这种自信便是损失厌恶带来的。

全球最大对冲基金桥水基金的掌舵者雷伊·达里奥曾经说过："无论我们对自己的观点有多自信，都应该寻找那些不同意我们看法的聪明的人去讨论。"

过度自信是很多人的通病，如果事先不知道这个"病症"，很容易引发墨菲定律。因此，无论是做投资、做决策、做自我评价，还是做其他事情，都应该避免过度自信。对于信息，我们应该有客观公正的分析能力，不过分乐观，也不过分悲观。我们应该随时反思、质疑自己，让自己尽可能地保持理智。

沉锚效应：
错误思维定式的连锁反应

　　人们在做决策的过程中，思维往往会被得到的"第一信息"左右，就像沉入海底的锚一样，将人们的思维固定在某个地方，形成思维定式。这便是著名的沉锚效应。

　　1973 年，心理学家特沃斯基和卡尼曼在研究中发现一种现象——人们在对某个事物进行评价和判断时，往往会被那些显著的、难忘的证据影响，并且因此产生歪曲事实的认知。比如一些医生在评估精神类病人因"极度失望"而自杀的可能性时，就会被某些病人自杀的偶然性事件影响，因而将病人因极度失望而自杀的可能性错误地夸大。特沃斯基和卡尼曼将人们的这种被思维定式影响评价与判断的现象称为"沉锚效应"。

　　沉锚效应是如何影响人思维的呢？人的思维模式是从小建立的，并且存在着"先入为主"的特点。所以，首先进入大脑的知识、经验、思想等就像抛入海底的锚一样，变成一种思维定式。

　　人们在思考问题的时候，总是会受到思维定式的影响，进而按照以往的经验或者固定的、模式性的思维去判断和选择。尽管思维定式有助于大脑的思考，但更多时候会影响到人们的决策，让人们在无意识的情况下做出错误的决定。

在早期的西方世界，人们认为天鹅都是白色的，这种经验性的东西一直没有被人怀疑过，后来，生物学家发现了黑天鹅的品种，这才颠覆了人们过去的认知。其实，人们认为"天鹅都是白色的"就是一种沉锚效应。

沉锚效应中的"锚"是人们思维中先入为主的一种偏见或认知。如果我们的思维掉入了沉锚陷阱，同样会被这些"锚"固定，从而做出错误的判断。比如，在一次表彰大会上，企业的高层领导对某个你并不熟悉的员工进行了一番夸奖，虽然你并不知道领导所说是否属实，但是仍然会觉得那位员工很棒，这就是受到了"沉锚"的影响。

作为一种普遍的心理现象，沉锚效应存在于生活的方方面面。比如，老师让学生列举几件白色物品，学生脑海中立刻会浮现出很多白色的物品。但这时候如果老师提示说——比如，牛奶，学生们的思维会一下子被固定在牛奶上面。

在大多数情况下，沉锚效应能够帮助我们快速思考，快速做出判断与选择。但与此同时，它又会形成思维定式，阻碍我们进行正确、客观的思考。

那么，我们应该如何克服沉锚效应的影响，打破这个错误的思维定式呢？

第一，不要被大脑的知识欺骗。一个人的知识架构决定了他对世界的认知，也决定了他的思维方式。但各种知识的积累、发酵，以及习惯性的思维方式，也有可能产生另一种效应，那就是思维定式。

如果知识面过于狭窄，或者认知缺乏深度，沉锚效应就会随时影响我们的认知，影响我们的行为及决策。当我们被大脑中的知识欺骗时，思想也会被"套住"，就像契诃夫笔下的"装在套子里的人"一样，永远活在自以为是的错觉中，不敢走出来，也无法走出来。

为什么有的人会被自己掌握的知识和经验欺骗呢？而且有时候，知识越丰富，越容易被欺骗。比如，有的难题困扰了专家学者很久，却被一位毫无经验的年轻学生解决了。这是因为他缺少经验，所以没有被固化的思维"套住"，进而才能轻松地找到解决方法。

这也告诉我们一个深刻的道理，那就是知识不等于智慧。一个人的知识储备如果过于单一、固化，便很容易被思维定式影响。同样的道理，如果一个人无法摆脱思维定式的束缚，总是被大脑中的知识"套住"，那么将永远无法实现创新和突破，更无法有效地发挥自己的创造力。

第二，建立批判性思维。什么是批判性思维呢？美国著名的研究逻辑思维与批判性思维的学者布鲁克·诺埃尔·穆尔和理查德·帕克，将其定义为一种谨慎地运用推理去判定一个断言是否为真的能力。

"批判"含有批评和判断对错的意思，批判性思维并不是对某个事物进行批评和判断，也不是带有偏见去反驳某个观点，而是保持思考的自主性和逻辑的严密性，不被动地全盘接受。同时，批判性思维也是一种能够通过学习来提高的思维能力。

　　由于受到沉锚效应的影响，先入为主的思维很容易给我们带来思维上的约束，让我们很难对问题做出正确的判断。所以，我们要保持足够的冷静，用自己的知识体系来评判一件事，并决定是否能纳入知识体系当中，而不是仅仅为了批评。

　　我们在面对批评时也会产生一定的抵触心理。但是，要知道批评其实是一种沟通交流的方式，他人对我们的批评在某种程度上是在帮助我们思考，一些我们没有想到的事情被指出来，更有利于我们完善自己的知识体系。

巴纳姆效应：
有种角色定位叫"对号入座"

很多人喜欢看星座测试，并且认为星座测试十分准确。比如，双子座的人拥有双重性格，狮子座的人很有王者气质，射手座的人都很幽默，等等。有时候，我们会觉得星座测试分析的每一个点都很符合自己的特点。难道星座测试真的那么准确吗？事实上，人们之所以会觉得星座测试很准确，是由于受到巴纳姆效应的影响。

著名心理学家培特郎·福瑞德在 1948 年做了一个心理学实验：他去一所大学招募了一群学生志愿者，让他们做一个有趣的性格测试。首先，福瑞德拿给学生一份"性格论断报告"，这份报告和现在的星座测试十分相似。诊断报告的内容是，你祈求受到他人喜爱却对自己吹毛求疵。虽然人格有些缺陷，大体而言你都有办法弥补。你拥有可观的未开发潜能。看似强硬、严格自律的外在掩盖着不安与忧虑的内心。许多时候，你严重地质疑自己是否做了对的事情或正确的决定。你喜欢一定程度的变动并在受限制时感到不满。你为自己是独立思想者而自豪并且不会接受没有充分证据的言论。但你认为对他人过度坦率是不明智的。有些时候你外向、亲和，充满社会性，有些时候你却内向、谨慎且沉默。你的一些抱负是不切实际的。

随后，福瑞德要求学生针对报告的准确度进行打分，总分为5分。结果学生们打出了4.26的高分。换句话说，学生们认为这份报告的准确率高达86%，其中还有一半的学生认为自己的性格与报告中所描述的一模一样。

难道福瑞德教授真的了解每一位学生的性格特点，所以才做出了契合每一位学生的性格诊断报告？其实福瑞德给每位学生的性格诊断报告都是一样的，报告中的内容都是他从一些占卜、星座杂志上节选下来的。福瑞德教授说："这些占卜、星座的分析，适用于每一个人。"

下面是星座测试中经常会用到的一些语句：你认为对所有人做到完全坦白是不明智的做法；你喜欢一定程度的变动并在受到限制的时候会表达不满；你平时表现得沉默而谨慎，偶尔也会表现出亲和与外向；你自己做的决定有时会得到自己的质疑；你拥有无比大的潜能但现在还没有完全发挥出来；虽然你的人格有些许的缺陷，但是你总有办法弥补……类似这样的性格诊断话语几乎能够用在每个人身上，这就是所谓的巴纳姆效应。

巴纳姆效应是一个心理学概念，当一个人听到一段关于性格特质的描述时，虽然语句比较模糊但是倾向于正面描述，而且这段语句可以用来描述每一个人，那么这个人就会觉得这是关于自己性格的描述。可以说，占卜术、星相学、刑侦学都会应用到巴纳姆效应。

有趣的是，后来，福瑞德又做了同样的实验，实验结果同上次是一样的。无论时间过去多久，人们还是会被这个原理蒙蔽，因为他们首先把自己带入了"这是为我做出的性格测试报告"的情境中，从而失去了比较客观的判断，觉得这个报告的结果是正确的、真实的。其实，福瑞德做这个测试的目的在于向人们证明，有时候人的自我评价是多么不可靠。

我们的头脑中都存在着自我意识，这些意识是很强烈的。比如，我们往往会通过设置手机铃声、电脑桌面等来体现自己的个性。我们要是想相信某事，肯定就会找到相信的逻辑及理由。即便这件事不合情理，但是我们同样会找到理由证明它是正确的，这就是主观验证的作用。

人们都愿意以正面、积极的形象示人，潜意识里都会认为自己有着无穷的潜力，并且觉得自己符合很多正面的描述。同属人类，尽管每个人的成长背景和经历不同，思维方式也会有差异，但人类的基因肯定有相似之处，大脑机制也会有相似之处，这就导致了人们会错误地认为符合每个人的描述其实是说自己。

著名杂技师肖曼·巴纳姆在对自己的表演进行评价时说："我之所以会受到大家的喜爱，就是因为每个节目中都包含有每个人都喜欢的成分，所以每一分钟都会有人'上当受骗'。"

可见，大多数人容易受到巴纳姆效应的影响，在角色定位时对号入座。这反映了大多数人对一般性、非精确描述的高度的自我认同趋势。

如果说，我们能够打破巴纳姆效应，有更加准确的自我认知，那么墨菲定律恐怕也没有可乘之机了。因为我们清楚地知道自身的特点、实力，也清楚地知道自己的短板、不足，知道如何发挥自己的优势，知道规避哪些劣势。从这个意义上来说，确实可以减少墨菲定律出现的概率。

自利性偏差：
我的成功是必然，别人的成功是偶然

有一期《奇葩说》中讨论的一个话题是：20 岁有个一夜成名的机会，该不该要？反方辩手在陈述自己的观点时提到一种心态叫作自利性偏差。这是一种生活中十分常见的心态，简单来说，就是人们常常从好的方面来看待自己，当取得一些成功时，就会将成功归因于自己的努力，而当自己失败了之后，就会怨天尤人，把失败归因于外在因素，把错误推给他人。我们可以说这是一种主观主义的表现，也可以说它是一种归因偏见。

美国认知心理学博士安妮·杜克在《对赌》一书中对自利性偏差有过形象的解释："为什么在牌桌上一夜暴富的人，最后往往会输得倾家荡产？原因在于，这些人看到别人赢了钱，就会觉得是运气，而自己赢了钱，就觉得是实力，于是只要赢了一次钱，就觉得自己次次都能赢，最后导致血本无归。"

美国专栏作者戴夫·巴里也曾说过："无论年龄、性别、信仰、经济地位或种族有多么不同，有一件东西是所有人都有的，那就是在每个人的内心深处都相信，我们比普通人要强。"

可见，自利性偏差是人类大脑中存在的思维问题，并且难以克服。我们眼中的自己往往比别人更加优秀，因为自我评价往往高于别人对我们的评价。

自利性偏差也是一种自我防御机制，能够让我们的自信心和自尊心免受伤害。比如，当人们因为某些挫折或失败而感到痛苦、紧张、焦虑、尴尬，或者产生罪恶感的时候，就会通过自利性偏差进行自我调整，帮助人们找到各种理由为失败归因。

而且，我们往往对自己的成功做个人归因，对自己的失败做情境归因；而对别人的成功倾向于做情境归因，对别人的失败做个人归因。用对自己有利的一面来判断客观事物，把不好的、错误的原因归于其他人或者外因，这种错误归因很容易产生偏见。

这样说来，自利性偏差也就是凡事往有利于保护自己的方向想。这样的思维方式，能够更好地保护自己"幼小"的心灵。自尊心越强的人，自利性偏差的倾向越严重。

如果从积极的角度去看待自利性偏差，那就是，它可以帮助人们走出过度自责的泥潭，在心理上寻求到一定的平衡感。同时，从某个意义上来说，自利性偏差也能让自己给他人留下好印象。

心理学上有一种理论叫"印象管理"。简单来说，就是人们试图管理和控制他人对自己所形成的印象的过程。一个人试图使别人积极地看待自己的努力叫"获得性印象管理"，而尽可能弱化自己的不足或避免使别人消极地看待自己的防御性措施叫"保护性印象管理"。

人们总是希望将好的印象留给他人，也希望得到他人的认同与好评，因此在做归因的时候，便会不自觉地将成功的原因归结到自己身上，而把失败的原因归结到外界或者他人身上。

如果我们以消极的态度来看待自利性偏差，那就会导致我们对自己有过高的评价。比如，当别人很喜欢自己时，有的人会认为这是因为自己足够优秀，容貌和性格上有优势；而当别人不喜欢自己时，就会认为这和自己无关，只是对方不喜欢自己的容貌或性格，这完全是对方的原因，和自己没有什么关系。这种过高的自我评价往往会让自己深信不疑。

自利性偏差几乎是人人都有的共性思维，很难完全克服。因此，当我们发现自己身上也存在自利性偏差时，首先应该坦然接受，这并不是严重的心理障碍，只是一种心理偏差。

当然，在接受自利性偏差存在的同时，还应该理性地纠正这种心理偏差带来的不良影响，不要让它影响到我们对成功或失败的判断，且能有一个较为客观的归因。

如此一来，当墨菲定律发生时，我们便能对自己的错误或失败进行正确归因——认清自己的不足，承认自己在哪些地方没有做好才导致了错误的出现，同时也认清自己的优势，有些失败确实是外界因素导致的，不必过于自责，或者认为自己不够优秀。

墨菲
定律

第四章

放下焦虑，
逃过概率下的必然

　　人生有无数种可能，我们不能给自己设限，更不能让自己的想象力受到束缚。自我设限的人，即使没有外界的限制，也会在自己的内心竖起一堵"高墙"，限制自己的行动，或者说在没有任何行动之前，就选择了放弃。我们身边不是也有很多这样的人吗？不是没有能力，而是习惯自我设限。

心理账户理论：
失去的痛苦比获得的快乐更强烈

每个人在做决策之前，都会根据自己的"心理账户"进行思考与判断，进而做出决策。用经济学的语言来说就是，在做决策的过程中，决策者的心理与行为，如心理情绪、成就动机、价值权衡、才智品德、心理偏好等都是影响决策的重要因素。这样的决策过程呈现出种种非理性的特征。

1980 年，芝加哥大学著名心理学家萨勒首次提出心理账户理论。所谓心理账户，就是人们在心里无意识地把财富划归不同的账户进行管理，不同的心理账户有不同的记账方式和心理运算规则。而这种心理记账的方式和运算规则恰恰与经济学和数学运算方式都不相同，因此经常会以非预期的方式影响着决策，使个体的决策违背最简单的理性经济法则。

2017 年新科诺贝尔经济学奖获得者理查德·塞勒对心理账户理论进行了更加深入的研究，有效地解释了人们在消费决策中的那些非理性的行为。塞勒认为，心理账户会让人们的消费行为变得非理性。因为心理账户会受到决策者的情感、性格以及心理偏好的影响。

那么，心理账户是如何影响我们的决策行为呢？

第一，双曲贴现。近期收益的诱惑力大于远期收益。行为经济学中有一个术语叫"双曲贴现"，指人们在对近来的收益进行评估时，往往更看重近期使用的更低的折现率，而忽略远期使用的更高的折现率。简单来讲，就是人们更喜欢眼前较少的收入，而不愿意等待日后更高的收入。

如果有人让你做决策：选择今天，可以得到1000元；选择明天，可以得到1005元，你做何选择呢？相信绝大多数人会选择今天的1000元，原因可能就在于"双鸟在林，不如一鸟在手"。可是，同样的选择，将时间拉长一年——选择明年的10月1号，可以得到1000元；选择明年的10月2号，可以得到1005元，你会如何选择呢？这时候，大多数的人更倾向于选择后者，因为两个选择都属于未来的折现。

双曲贴现理论很好地解释了人们"享受眼前快乐，漠视远期痛苦"的心理倾向。很多人下定决心要多学习，多看书，少玩游戏，可在空闲时总是忘了自己的决心，选择玩游戏而不是看书，因为玩游戏获得的是当下的快感，而看书获得的价值不容易体现。

当我们面对长期收益与短期收益时，总是会倾向于选择短期收益。这不仅是行为经济学中的常见现象，也是日常生活中的常见现象。

第二，损失厌恶。失去的痛苦比获得的快乐更强烈。损失厌恶是指人们面对同样数量的收益和损失时，认为损失更加令他们难以忍受。

经济学家经过研究统计后发现，同量的损失带来的负效用为同量收益的正效用的 2.5 倍。损失厌恶反映了人们的风险偏好并不是一致的——当涉及的是收益时，人们表现为风险厌恶；当涉及的是损失时，人们则表现为风险寻求。

很多人在预测风险的时候之所以会出现偏差，最主要的原因就是"损失厌恶"，因为在所有人的认知里，损失所带来的伤害要远远大于获得所带来的快感。我们在预测风险的过程中总是想避免一切损失和错误，可是墨菲定律告诉我们，有的损失和错误不可避免。

在我们需要做决策的时候，心理账户理论中人的心理弱点也暴露无疑。无论是双曲贴现，还是损失厌恶，都会让我们的决策行为出现非理性的特征。因此，只有避免受到心理账户理论的过多影响，我们才能更加理性地看待问题，从而做出更加理智的决策。

跳蚤效应：
人生不设限，能力无上限

生物学家曾经做过这样一个有趣的实验：生物学家将一只跳蚤放进一个透明的罐子里，跳蚤一次最高可以跳一米多，而罐子的高度刚好一米。这样，每次跳蚤起跳后都会撞到罐子顶端的盖子。一段时间过后，生物学家拿掉了盖子，但跳蚤再也无法跳过一米以上的高度了。因为它已经适应了罐子的高度，自身的跳跃能力也因此受到了限制。

生物学家将这种内心中默认较低目标后限制自身实际能力的现象，称为跳蚤效应。令人感到惊讶的是，心理学研究表明，跳蚤效应同样适用于人类。

人最大的敌人不是别人，而是自己。当我们把问题看得无限大时，就再也没有能力去解决它了，就像罐子里的跳蚤一样。而当我们学会突破自我，不再自我设限的时候，再大的问题都会变成小事。

所谓自我设限，就是外界没有限制的时候，自己的内心却竖起了高墙，故步自封，不敢有任何逾越。自我设限是很多人没有取得成功的主要原因。他们在审视自己的心理高度之后，要想想自己要不要跳？能不能跳过这个高度？能不能成功？能够获得多大的成功？这一切都是自我暗示和自我设限的表现。

星巴克老板舒尔茨年轻的时候，拥有英俊的脸庞和儒雅的气度，打动了无数少女的心。

他去英国出差时，发现伦敦最繁华的街道旁居然有一间十分狭窄的店铺正在卖最便宜的奶酪。那间店铺旁边都是时尚大牌名店。他很好奇地走了进去，店铺里有一位满头银发的老人正埋头打理自己的奶酪。一阵奶酪的香味飘了过来，他嗅了嗅，然后问老人："老先生，打扰了，我有一个疑问想要问您，这里是伦敦最繁华的地段，您卖奶酪赚的钱，够付房租吗？"

老人微微一笑，说："年轻人，想知道答案，先买 10 英镑的奶酪吧！"他毫不犹豫地买了 10 英镑奶酪，等待老人的回答。

"年轻人，你现在可以走出店门看看。"老人平静地说，"这条街道上，你能看到的豪华店铺，几乎都是我们家的房产。我的家族世代卖奶酪，赚的钱就买了这些店铺。你觉得不可思议吗？现在我和儿子仍然卖奶酪，因为这是我们喜欢做的事情……"

舒尔茨的内心被深深触动了。老人和这间狭窄的店铺让他大开眼界。他从来没有想过，也无法想到，一间狭窄的奶酪店铺里居然住着一位房产大亨。在常人看来，靠卖奶酪赚钱，根本不可能买下伦敦黄金街道的土地。可老人却做到了。

舒尔茨终于明白，每个人都可以创造无限种可能，关键在于人生不设限。在这种信念的支撑下，他一手创造了风靡世界的星巴克。

人生有无数种可能，我们不能给自己设限，更不能让自己的想象力受到束缚。自我设限的人，即使没有外界的限制，也会在自己的内心竖起一堵"高墙"，限制自己的行动，或者说在没有任何行动之前，就选择了放弃。我们身边不是也有很多这样的人吗？不是没有能力，而是习惯自我设限。

刚进公司的员工，接手老板下达的第一个任务，却觉得自己资历尚浅，能力不够，结果做起来力不从心，没过多久便被辞退了；一位年轻的创业者，拥有丰富的经验和精湛的技艺，却认为筹集创业资金太难，结果就一直没有筹到钱，好好的创业项目却被长期搁置了；一位相貌平平的男生，想要追求美丽的女孩，可觉得自己不够帅气，没车没房，始终犹豫着不敢表白，最后却参加了女孩的婚礼，且在婚礼上喝得烂醉如泥。可见，我们人生能够达到的高度，取决于心理上为自己设置的高度。

很多人觉得这个世界不公平——别人花一天时间就能做好的事情，自己要花十天时间；别人花一年就能获得巨大的成就，自己却需要花十年时间。其实，这并不是个人能力上的差距，而是心理上的差距。

人类生存的第一大难题就是克服自我心理障碍，如果我们连克服自身障碍的勇气都没有，又如何去战胜其他障碍呢？当我们顺利跨越"心理障碍"这一道阶梯之后，自然拥有了发展的动力及能力，这也是把梦想变为现实的首要条件。

很多人并不是没有能力去做好一件事情，而是在心中默认了一个"高度"，这个"高度"会起到暗示作用，从而影响到人们的行为。

约拿情结：
勇于追求自己所渴望的一切

从心理学上来说，一个人能否成功，最重要的一点就在于这个人对于成功的看法。不要以为每个人都渴望成功，因为心理动力学理论上有一个观点——人不仅害怕失败，也害怕成功。后来，心理学家马斯洛以此观点为基础，提出了著名的约拿情结。

简单来说，约拿情结就是对成长的恐惧，这是一种在机遇面前自我逃避、害怕退缩的心理，这些会导致人们逃避发掘自身的潜能，也不敢去做一些自己能够做得好的事情。

约拿情结在现实生活中的表现为，缺乏上进心，害怕自我突破带来的成长与成功。虽然在某些情况下，约拿情结有一定的命理性，但从自我实现的角度来看，却是一种阻碍自我发展的心理障碍。它诠释了人类对自身伟大之处的恐惧。

在马斯洛的《人性能达到的境界》一书中，首次提出了"约拿情结"这个词。马斯洛在之前的笔记中将这种情绪描述为"躲开自己的最佳天才"或"对自身伟大之处的恐惧"。也就是说，我们既渴望获得理想中的成功，但当所有条件都符合、我们也有能力获得这种成功时，却又感到害怕了。这种对成功的畏惧就是约拿情结。

约拿是《圣经》里的一个人物，他本是一名虔诚的基督徒，一直渴望被全能的上帝差遣。终于有一天，上帝给了他一个无比光荣的任务——去一座原本要因罪行被毁灭的城市传达上帝将赦免该城市的消息。可是，约拿却拒绝了这次任务，然后逃跑了。

他不断躲避自己所信仰的上帝，即使上帝用自己的力量不断寻找他、唤醒他、惩戒他，甚至让他被一条大鱼吞下……但他始终不愿意接受自己一直渴望做的事情。因为他的内心还燃烧着仇恨的火焰，那座将被赦免的城市里还住着毁灭他家族的死敌……不过最后，约拿还是放下了仇恨，接受了上帝给他的任务。

在现实生活中，"约拿"是指那些渴望成长又因为某些内在阻碍而害怕成长的人。

人类的心理是最奇怪和复杂的，我们一方面渴望成功，一方面又害怕成功。在追求成功时踌躇满志，在面临成功时又心理迷茫；有时候我们盲目自信，有时候我们又过分自卑；我们既羡慕那些取得成功的人，又对成功者抱有轻蔑、忌妒的心理……这些表现，其实都是对成长的恐惧。

如果"约拿情结"向极端方向发展，那么最后又将演变为"自毁情结"——在面对成功、荣誉、幸福等美好事物时，内心会产生"我接受不了""我不配"的想法，最终被墨菲定律控制，错失成功的机遇，甚至在与成功仅一步之遥时自愿选择放弃……

杜根定律：
自我实现的预言

　　美国职业橄榄球联合会前主席曾经提出这样一个说法："强者未必是胜利者，而胜利迟早都属于有信心的人。"这就是心理学上的杜根定律。

　　换句话来说，一个人如果充满自信，相信自己能够成为最优秀的人，最后有很大可能会成为最优秀的人；而那些真正最优秀人，都曾相信自己能够成为最优秀的人。同样，如果我们不够自信，认为自己是最糟糕的人，最后往往会变得越来越糟糕，最终陷入墨菲定律之中。

　　哈佛成功学导师爱默生说过："相信自己能，便会攻无不克……不能超越一个恐惧，便从未学会生命的第一课。"我们也看到，优秀的人身上都有一种品质，那就是自信心。

　　自信是一种相信自己、正确评价自己的能力。自信让人们能够准确把握自己，驾驭自己的优缺点，让人们更容易取得成功。自信也能提高一个人的生活质量，提升其生命的价值。

　　成功的人都是自信的，他们将自己的人生提升到一个让人仰视的高度，让自己的未来充满希望，他们拥有在经历失败与挫折的时候继续坚持下去的勇气。

自信也是思维意识活动的一种表现，它产生于我们自己的内心。当我们相信自己时，什么东西都难不倒我们。自信是一种无形的人格魅力。自信的人对自己所从事的事充满了信心和勇气。

杜根定律告诉我们：我们只要相信自己能够做到，那么我们自身的潜能就能被激发出来。从古希腊开始，长跑运动员就试图在四分钟之内跑完一英里，为了实现这个目标，有人曾喝过真正的虎奶，有人曾被狮子追赶过，可是仍然没有人能够达到这个目标。几乎所有的教练、运动员，甚至医生都断言，人类不可能超越四分钟跑完一英里的极限，因为我们的骨骼结构与动物的骨骼结构不一样，肺活量不够大，风的阻力又太大了……理由实在多得离奇。

然而，有一个人却首先开创了四分钟跑完一英里的纪录，他就是罗杰·班尼斯特。更让人意想不到的是，在这之后的一年中，居然有超过三百名运动员在四分钟之内跑完了一英里。这些人知道罗杰·班尼斯特可以做到后，他们相信自己也能做到，于是他们真的做到了。

当我们身上的潜能被发挥出来后，很多不可能实现的事情都变得可以实现了。这样离奇的现象也可以用美国当代著名心理学家班杜拉提出的"自我效能感"概念来解释。

自我效能感是指个体对自身成功应付特定情境的能力的估计。用班杜拉的话来说："自我效能感的重点并不在于个人拥有怎样的技能，而在于个人用自己拥有的技能能去做些什么。"我们也发现，每个人的自我效能感不同，决定了人们是相信自己还是怀疑自己。自我效能感强的人，更容易看到自己的优点而不是缺点，也更容易激发自己的潜能，打破所有的极限。

很多事情本身并没有什么影响力，真正影响我们的是我们对于这件事情的看法与态度。虽然每个人身上都有各种潜能，但真正能够让这些潜能得到发挥的人却屈指可数。

哲学家叔本华说过："事物本身并不会对人产生影响，能够影响人的是对事物的看法。"

关于自信心的重要性，哈佛大学的奥格·曼狄诺教授是这样说的："一个人想要获得成功，必须具备的品质有很多种，其中最重要的就是自信心。"

那么，我们如何才能做到这一点呢？曼狄诺的建议是：

第一，要有勇气改变自己的命运。每个人都无法决定自己的出生，可是每个人的命运都紧握在自己手中，想要获得成功，就要有勇气去改变自己的命运。

第二，要懂得如何发掘自身的财富。有一句话说得很好："一个人因为少了一双鞋子而闷闷不乐，那是因为他没有看见那些少了两条腿的人。"所以，发现你自己的财富，你就能拥有更大的信心。

第三，从自身的优势出发，去追求自己的目标。一个人不能永远生活在失败的阴影下，只要你懂得从自己的优势出发，努力追求自己的目标，那么自信与成功将结伴来到你身边。

墨菲定律

第五章

摆脱惯性，
结束一错再错的循环

　　人在进入一个全新的领域时，都会经历飞轮效应。在面对困难的事情时，只要将开头做好，多坚持一下，过了临界点，后面就会越来越顺利，甚至不需要再花费大量的力气。相反，在开头艰难的阶段就轻言放弃，拖延或懈怠，只会引发墨菲定律，让一切变得越来越糟糕。

沉没成本效应：
当断不断，反受其乱

戴尔·卡耐基年轻的时候，曾有过一段刻骨铭心的创业经历：当时，卡耐基将一家成人教育班开在了密苏里州，并且在租场地、搞宣传和日常开销中投入了自己所有的资金。虽然成人教育班获得了很多人的认可，也迎来了不少学员。但由于卡耐基缺乏财务管理的经验，辛辛苦苦好几个月，也没有赚到一分钱。

卡耐基因此闷闷不乐，陷入了极度自责的心理困境中。他抱怨自己不够聪明，不知道如何赚到更多的钱，甚至想放弃自己刚起步的事业。

直到后来有一天，卡耐基中学时代的老师乔治·约翰逊对他说："不要为打翻的牛奶而哭泣。"他才茅塞顿开，告别过去的所有烦恼，重整旗鼓，再次为自己的事业奋斗起来。再后来，卡耐基成了励志大师，他的著作畅销全球，拥有大批的读者。

卡耐基一直没有忘记老师的教诲，在很多次公开演讲中他都说道："牛奶被打翻了，漏光了，我们应该怎么办？是看着被打翻的牛奶伤心哭泣，还是去做点别的事情？要知道，打翻的牛奶已经成为事实，是不可能再被重新装回瓶中的，我们唯一能够做的就是吸取教训，然后努力忘掉这些不愉快。"

卡耐基的这段话很有励志效果，如果用经济学理论来解释又是怎样的呢？经济学家将过去决策中已经发生或者投入的，不可能再被收回的成本称为"沉没成本"，比如，时间成本、精力成本、金钱成本等。

无论是做个人决策，还是商业决定，都经常会用到"沉没成本"的概念。

沉没成本是指那些已经付出的并且不可收回的成本，与之对应的是"可变成本"，即可以改变、收回的成本。在个人或商业决策中，我们只需要考虑可变成本，而不需要考虑沉没成本，这便是微观经济学理论所提出的观点。比如，你在网上买了一张电影票，已经付款并且不能退票，这时你所付的钱就可以算作沉没成本，就算你不去看那场电影，钱也收不回来了。

1985年，利物浦大学教授卡特琳·布拉默和俄亥俄州立大学心理系教授霍尔·亚科斯一起做了一个实验。这个实验是有关"沉没成本"的，它告诉人们，在做决策时，沉没成本会让人们变得不够清醒、不够理智。

两位教授招了一批志愿者，让他们设想面前有一次密歇根滑雪之旅，门票需要100美元；在他们买了这张门票之后，又发现一个更好的威斯康星滑雪之旅，而它仅仅需要50美元，于是他们又买了威斯康星的票。但两次旅行的时间有所重叠，两张票又只能自己享用，这时这些志愿者会如何抉择呢？是选择花费更多的不错的密歇根滑雪之旅，还是选择便宜但更好的威斯康星滑雪之旅呢？结果显示，更多人选择的是更贵的旅行，尽管结果可能没有后者有趣。但是如果不去参加那个更贵一点的滑雪之旅的话，人们可能感觉自己的损失会更大点。这就是一个思维误区——无论损失多少，花出去的钱都属于沉没成本，为什么不在同样的成本面前做出更佳的选择，而让自己为无法挽回的成本买单呢？正因为这样的思维误区很难被人们意识到，所以经济学家才会建议人们在做出决策时不要考虑沉没成本，这样才能做出更理性的决策，才能避免更多的损失。

人们都有"损失厌恶"的心理，所以才会去看自己不喜欢但却买了票的电影，去吃自己不喜欢但已经买了的食物，去开始一场并不算好但已经付了钱的旅行……因为人们觉得已经花了钱，且无法收回，如果不去做这些事情，就意味着"损失"，这种情况也被称为"沉没成本谬误"。从经济学的角度来看，这样的行为是不理智的，它会导致我们行动低效，并且错误地分配自己的资源。

如果一味地沉溺于沉没成本中，很容易做出一些非理性的决策。比如，很多赌徒在输了钱之后，为了把之前输掉的钱都赢回来，会不惜花费更多的金钱。

在"损失厌恶"的思维陷阱的影响之下，人们通常会继续花费更多的时间和精力去把错误的决定坚持下去，总不愿意"收手"，不愿让自己之前的付出变得毫无价值。事实上，这些行为都是受到沉没成本效应的影响，都是不理智的。

马太效应：
在试错中获得持续成长

马太效应说的就是，凡有的，还要加倍给他叫他多余；没有的，连他所拥有的也要夺过来。从表面来看，马太效应和二八法则很相似，与平衡之道相悖，但它反映的却是"富者更富，穷者更穷""强者愈强，弱者愈弱"的一种两极分化现象。

1968 年，"马太效应"这一术语第一次出现在公众的视野中，而它的提出者正是美国科学史研究者罗伯特·莫顿，它用以解释一种社会心理现象："与名气不大的研究者相比，名声显赫的研究者获得的声望往往更多，即便他们的成就是相似的。同一个项目上，声誉会更多地给予那些有名誉的研究者。"

通过"马太效应"，罗伯特·莫顿进一步指出，不论是什么样的个体、群体和地区，只要在某些方面有所成就，便会将优势不断积累，并从中获得更大的进步与成功。

因此，"马太效应"被用于多种社会学科的现象解释之中。

不仅如此，爱情中也存在一定的马太效应。爱情中的马太效应并不是简单地做情感积累——用感情做成本，越积越多，而是让一个人处于情感包围中，于是他的心态就会变得很好，快乐的感知度会更高，而伤害的感知度会降低，再加上激素影响，这个人就容易容光焕发，进而对异性也更具吸引力。

可以说，无论在什么时候，都会出现"强者愈强，弱者愈弱"的现象。我们要明白积累的意义——金钱需要积累，能力需要积累，感情同样需要积累。

诺贝尔文学奖获得者莫言曾经说过："人不怕犯错误，犯了错误，如果能带着教育和反思爬起来，错误就会成为课堂。"从某种意义上来说，犯错也是每个人成长之路上不可避免的过程，是经验和能力的一种积累，也是我们认识和适应世界的一种方式。

除了犯错，失败也是我们必须面对的事情。在有的人看来，失败是不可逆转的，而在另一些人看来，一切都是变化的，只要态度正确，就有反败为胜的机会。

每个人天生都是平凡的，没有人可以不经过努力就获取成功。从平凡到优秀，再到卓越，我们需要做的是每天都让自己获得一点成长。所谓量变引起质变，别小看那微不足道的"一点点"，日积月累，"一点点"就会变成大进步，"一点点"就会让你有脱胎换骨的变化。这便是成功过程中的马太效应。

换个角度来看，马太效应所带来的持续成长，也是对抗墨菲定律的强大力量。持续成长意味着不断进步，意味着各方面的能力越来越强，意味着失误和失败的概率越来越小。在通往成功的道路上，我们每天都在前进，无论前进的幅度多么小都无妨。

很多人在思考，什么样的人生才是成功的人生？当然是不断超越自我、不断蜕变、不断完善和不断成长的人生。而当最坏的情况发生时，我们必须学会忍耐，在错误和失败中汲取经验，并且获得持续成长。

当然，在持续成长中我们也不能掉以轻心，也应该看到马太效应存在的缺陷。

第一，马太效应并不具备普遍意义，只是对短期趋势理论的一种假说，难以证明普遍的真理性，比如，很多领域存在"后发优势"的现象。

第二，不能只看重事物的短期趋势，而不重视事物的长期发展优势；不能只重视数量的变化，而不看重性质上的变化。

马蝇效应：
主动刺激，让压力转化为动力

一匹马，无论多么懒惰，只要身上有马蝇叮咬，就会立刻变得精神抖擞，飞奔起来。这就是心理学上著名的马蝇效应。它源于美国第 16 任总统林肯的一段有趣经历。

1860 年，林肯赢得了大选的胜利，着手组建内阁。一位名叫巴恩的大银行家看到参议员萨蒙·波特兰·蔡斯从林肯的办公室里走了出来，便对林肯说："先生，您千万不能让蔡斯进入您的内阁啊！"林肯有些不解地问："你为什么要这样说呢？"巴恩回答："因为那个人想入住白宫，却输给了先生，他肯定会怀恨于心的。"林肯笑着说："我知道了，谢谢您的提醒。"随后，林肯出人意料地任命了蔡斯为财政部部长。

林肯上任不久后便接受了《纽约时报》记者亨利·雷蒙德的专访。亨利·雷蒙德有些好奇地问林肯："为什么要将你的劲敌安置在自己的内阁中呢？"

林肯讲了一个故事作为回答。大致内容是，少年时代，林肯和兄弟在肯塔基老家的一个农场里犁玉米地。林肯负责吆马，兄弟负责扶犁。可那匹马很懒，总是慢悠悠地走走停停，严重影响兄弟两人的工作效率。然而，有的时候，马又飞快地跑起来。这是为什么呢？林肯观察了很久才发现，原来马身上有一只很大的马蝇。林肯没有多想，随手把马蝇打落了。兄弟却抱怨说："哎呀，你为什么要打掉它，正是那家伙才让马跑起来的啊！"

故事讲完后，林肯对雷蒙德说："现在你知道我为什么要让蔡斯进入内阁了吧？"

林肯之所以将一个时刻威胁自己地位的政客引入内阁，就是希望自己能够像被马蝇盯上的马一样，时刻保持警惕，毫不懈怠，努力往前跑。

如果转化一下思维，我们是不是也可以将墨菲定律当成"马蝇"呢？当我们被墨菲定律"盯"上后，更应该努力往前跑。马蝇叮咬马，马才会飞奔向前，人不也是一样吗？

心理学研究表明：相比于站立，绝大多数人更喜欢坐着，也就是说，人的本质就是喜静不喜动的，这也是由于人的内心喜欢安逸的天性决定的。人人都喜欢安逸、稳定的生活，但安逸、稳定足以毁灭一个天才。

现实生活中，绝大多数人总是习惯抱着最大的希望生活，很少会做最坏的打算，更别提有危机感了。被誉为"全球50位管理大师之一""影响世界进程的100位思想领袖之一"的理查德·帕斯卡尔说过："21世纪，没有危机感才是真正的危机。"

什么是危机感呢？就是在事态上令人感到危险，感觉到有事物威胁到自身，并为此紧张的一种情绪状态。当危机感来临的时候，我们必须对现状做出改变，鼓起勇气，迎接挑战。尤其是在生死存亡的危急时刻，人的潜能更容易被激发出来，人的勇气也会暴涨，甚至会无所畏惧。正因为如此，古人才会将"生于忧患，死于安乐"当成生命的真谛。

在瞬息万变的现代社会，竞争无处不在，无论我们从事什么职业，社会地位如何，人脉关系怎么样，都应该时刻保持危机感。因为身边的人都在努力奔跑，如果我们稍有松懈，就有可能被社会淘汰。

如果没有危机感，人就不愿意努力奔跑，人就会变得安于现状，不思进取，失去创造力。聪明的企业家都明白在逆境中勇敢面对危机、在顺境中保持忧患意识的重要意义。

海尔创始人张瑞敏时常感觉："每天的心情都是如履薄冰，如临深渊。"

华为领导者任正非曾说："如果一个公司真正强大，就要敢于批评自己，如果是摇摇欲坠的公司根本不敢揭丑。正所谓'惶者生存'，不断有危机感的公司才一定能生存下来。"

李彦宏也强调说："如果我们做得不够好，就有可能陷入很被动的地步。所以，我一直跟员工讲，百度离破产只有30天。别看我们现在是第一，如果你30天停止工作，这个公司就完了。这个市场变化非常快，之所以大家看好这个市场，就是因为它的成长速度非常高，成长也是变化的一种，如果你不能及时把握市场需求的变化，就会被淘汰掉。"

这些身经百战的企业家都深知危机感的重要性。因此，每个人的内心也都需要适度的危机感，这样才能使自己保持进取的斗志，就像被马蝇叮过的马一样努力奔跑。

飞轮效应：
优先去做内心抗拒的事情

每次想到要开始写作业了、要开始修改文案了……我们的内心都会表示"拒绝"，不愿意开始行动。其实，这种懈怠心理的背后还隐藏着一个心理学效应——飞轮效应。

骑过自行车的人都有过这样的体验：想要让自行车从原本静止的状态变为骑行状态，最费力的阶段就是刚开始踩脚踏板的时候。只要车轮受力被带动起来，后面即使脚没有一直踩，轮子也会自动转起来，这就是著名的飞轮效应。

人在进入一个全新的领域时，都会经历飞轮效应。在面对困难的事情时，只要将开头做好，多坚持一下，过了临界点，后面就会越来越顺利，甚至不需要再花费大量的力气。相反，在开头艰难的阶段就轻言放弃，拖延或懈怠，只会引发墨菲定律，让一切变得越来越糟糕。

无论是在日常生活、学习、工作，还是商业运作、科学研究中，飞轮效应都十分常见。

有过健身经历的人都知道，健身最关键、最艰难的也是开头几天。一个人刚开始运动，身体会无比酸痛、会疲惫不堪，这些困难会直接影响到一个人的意志力，让人产生想要放弃的念头。但是，如果开头几天坚持下去了，熬过了身体上的酸痛和心理上的抗拒，人就会渐渐适应，开始觉得健身并没有那么难，甚至会感到越来越轻松。

美国最大的网络电子商务公司亚马逊也是利用飞轮效应发展起来的。

早在创业之初，亚马逊的创始者杰夫·贝佐斯就从管理学家吉姆·柯林斯那学到了飞轮效应，用于构建亚马逊的底层商业逻辑。那么，亚马逊公司里的"飞轮"是如何运转的呢？

从客户体验开始——客户体验的提升，会促进流量的增长；更多的流量，会吸引更多的卖家；卖家的增多，会带来更多的商品选择；更多的商品选择，又会推动客户体验的提升。这便是亚马逊公司"飞轮"正向运转的逻辑思维基础。

随着"飞轮"的不断成长，会形成更低的成本结构，进而带来更低的价格；更低的价格又可以推动客户体验的提升。这几个要素形成了闭环的"增强回路"，互相推动，彼此循环增强，最终让亚马逊公司逐步成为美国电子商务领域的"领头羊"。

而且，在飞轮效应的影响下，亚马逊公司的业务开始快速增长。在许多商业报告中，"亚马逊飞轮"也成为飞轮效应在商业领域最成功的典范之一。

事实上，我们的人生中，到处都存在着"飞轮"。我们要做的就是努力推动这些"飞轮"，让它们旋转如飞。那么，我们如何才能让人生中的"飞轮"旋转如飞呢？

首先，我们不要觉得"万事开头难"，应该优先去做那些一直都在抗拒的事情。所有事情的开头阶段是最重要、最艰难的，是否能够坚持下去，是否能够推动"飞轮"，就看这段的表现。而优先去做那些一直都在抗拒的事情，能够激发我们的斗志与潜能。如果我们将这些事情做好之后就会发现，事情没有想象中那样难，而且会越做越轻松，直到"飞轮"开始运转起来。

一个人固有的认知习惯也会影响他对事情的处理方式，当自己内心的"完美标准"与现实情境发生冲突时，顽固的人绝不会调整自己来顺应现实的需求。这也是一种自我防御机制——坚持自己的完美标准，避免出现认知失调的情况。

很多人对爱情大失所望，不就是因为现实中的体验与内心中对爱情的期待相冲突了吗？

女孩小雪一直期待着美好的爱情，虽然她已经30岁了，但她的择偶标准却一直没有变——她只想找一位年轻帅气、经济实力雄厚的男孩结婚，而且婚后的财政大权要交给她管理。

这样的择偶标准让很多想追求她的男孩退避三舍。朋友劝她："你的年龄不小了，自身条件也不是特别好，要求可以放低一点……"她却摇摇头说："爱情不能将就，条件不能放低。"

或许在她心里，有个"白马王子"一直在等着她。但现实的情况是，几年过去了，她仍然没有找到合适的对象。

每个人都曾憧憬过完美的爱情，都曾在心中幻想过自己另一半的样子——帅气、阳光、成熟、有责任心、美丽、聪慧、善良等，但最后遇到的人都能达到这些标准吗？

习得性无助：
认输的心态预演着下一次的失败

希腊神话中有一个著名的人物名叫西西弗斯，他是人世间的智者，也是科林斯的国王。他曾绑架了死神，让人间没有死亡，也因此触怒众神。为了惩罚西西弗斯，众神想到了一个"好办法"——让西西弗斯将一块巨石推上山顶，每当快到山顶的时候，再让巨石滚落下来。这样，他只能不间断地重复做这件事情。众神认为，这个世界上没有比这更严厉的惩罚了。而西西弗斯的生命也在这一件无望又无效的劳作中逐渐消耗殆尽……

现实生活中，有很多人像西西弗斯一样，很努力地去做某件事情，却在墨菲定律的影响下，始终无法达到预期的效果。由于长久的努力得不到回报，人们就会觉得努力是一件毫无意义的事情，而这种无助又无望的感觉在心理学上称为习得性无助。

1967 年，美国心理学家马丁·塞利格曼在研究动物时，用狗做了一个经典的实验：他将狗关进笼子里，每当蜂音器响起的时候，就对笼子里的狗进行一次电击。起初狗会极力挣扎，但笼子关得紧紧的，它根本无法从笼子里逃出来。

多次实验之后，当蜂音器响起，即使把笼子的门打开，狗也不会再挣扎着想要出去，而是呻吟着、颤抖着，等待下一次的电击。这时的狗已经没有逃出去的想法了。

塞利格曼将这种"可以主动地逃避却绝望地等待痛苦的来临"的状态称为习得性无助。这项研究也表明，反复对动物施以无可逃避的强烈的电击，会让动物产生无助和绝望的情绪，让它们渐渐放弃想要抵抗的想法，静静地等待最坏的结果到来。

后来，心理学家发现，在对人类进行类似的实验时，出现的结果也非常相似。

很多人长久地陷入困境中时，都会产生自我怀疑或者自我放弃的念头。或许他们起初也努力过、挣扎过，但没有见到任何成效，于是他们放弃努力，认为自己这也不行，那也不行，或者认为困境是无法被改变的，至少自己没有能力改变。

而当墨菲定律出现时，人们更容易产生习得性无助。可事实上，人的潜能是无限的。很多时候，人们不是真的没有能力去改变，而是没有了改变的欲望。

在习得性无助的心理状态下，人们会自我设限，认为自己的能力不够，从而放弃尝试的勇气与信心，最后变得破罐子破摔。

下面是习得性无助的人的一些表现：

第一，低自我概念。自我概念就是个体对于自己的生理、心理、社会适应性等方面的特征的自我感觉和自我评价。习得性无助的人在生理特征等各个维度上的自我概念均低于一般人。

第二，低自我效能感。自我效能感指个体在执行某一行为之前，对自己能够在什么水平上完成该行为所具有的信念、判断或自我感受。习得性无助的人自我效能感往往较低，对自己完成任务的能力持怀疑态度，因而倾向于制订较低的目标以避免获得失败的体验。

第三，低成就动机。成就动机是指个体希望从事有意义的活动，并在活动中获得满意结果的内在心理动力。成就动机高的个体在活动中能够完全地投入其中并精益求精，且在逆境中具有战胜困难的勇气和决心。而习得性无助的人成就动机低，不能给自己设立恰当的目标，非常害怕失败，对于获得成功也不抱希望。

第四，消极定式。习得性无助的人因为失败的经历较多，自我评价和他人对自己的评价都较低，从而逐渐形成了刻板的思维模式和认知态度。他们认定自己永远是一个失败者，无论怎样努力也无济于事。他们往往固执己见，不愿接受别人的意见和建议。

第五，情绪失调。从情绪上来看，习得性无助的人往往表现出颓丧、害怕、退缩、烦躁、冷淡、消沉等情绪失调的状态。这也是许多心理和行为问题产生的根源。

习得性无助对于一个人的自我心理状态和自我发展都有巨大的负面影响，既然如此，我们应该如何摆脱习得性无助呢？下面这些方法或许会对你有所帮助：

第一，调整自己的归因模式。无论是成功还是失败，我们都应该有正确的归因。失败了，我们不能将所有的过错都归到自己身上，认为自己不行，没有能力，从而陷入习得性无助的状态中，而应该调整自己的归因模式，正确认识自我。

第二，从自己擅长的事情做起。我们如果做自己擅长的事，那么更容易获得成功，更容易获得喜悦和成就感。这样，我们的自信心也会越来越强，也会越来越认可自己的能力。

第三，对不擅长的领域降低预期。当我们在不擅长的领域屡屡受挫时，我们可以适当地降低期望值，否则只会让自己屡屡产生挫败感。每个人都有自己的短板与劣势，当我们在不擅长的领域屡屡失败时，不如将努力放在自己擅长的领域。

作家三毛写过这样一段话："我们一步一步走下去，踏踏实实地去走，永不抗拒生命交给我们的重负，才是一个勇者。到了蓦然回首的那一瞬间，生命必然给我们公平的答案和又一次乍喜的心情，那时的山和水，又恢复成最初单纯的样子，而人生已然走过的是多么美好的一个秋天。"

墨菲
定律

第六章

懂得知足，
越在意的就越容易失去

　　人生的痛苦与不幸并不可怕，可怕的是想象之中的痛苦与不幸。很多人的痛苦与不幸其实都是自己想象出来的。有的人甚至会因为想象之中的痛苦与不幸而产生焦虑、恐慌的情绪。其实，只要我们换一种心态去面对不幸，就会看到完全不一样的世界。

幸福递减定律：
欲望与幸福的此消彼长关系

　　每个人都在追求幸福，但幸福究竟是什么，却很少有人能说得清楚明白。古希腊哲学家亚里士多德说："幸福是人类存在的唯一目标和目的。"法国作家罗曼·罗兰说："幸福是灵魂的一种香味，是一颗歌唱的心的和声。"积极心理学之父马丁·塞利格曼把幸福划分为快乐、投入、意义三个维度，每个维度上都能获得心理上的幸福感。而在现代社会，幸福感渐渐成为衡量人们生活质量的重要指标，甚至和 GDP 相关联。

　　其实，"幸福"是没有定论的，而人类追求幸福的脚步也未曾停止过。作为社会心理体系的一部分，一个人的幸福感会受到许多社会因素的影响，比如，经济、教育、人口、性别、婚姻、就业等，另外还会受到自我因素的影响，因为每个人的主观幸福感存在差异。

　　什么是主观幸福感呢？它是指人们对其生活质量所做的情感性和认知性的整体评价，简单来说就是人们对于幸福的自我感受。这也是人类的共性，不断对生活环境、生活事件以及自我进行好坏评价。从这个意义上来说，一个人是否幸福，不仅取决于外在因素的影响，还取决于自我对所发生的事情在情绪上做出怎样的反应，在认知上做出怎样的评价。可见，人们对于幸福的理解不同，所感受到的幸福也不同。

西方经济学界有个理论叫幸福递减定律，即人们对同一事情所产生的幸福的感觉，会随着物质条件的改善而降低。简单来说就是，当我们处于较差的状态时，一点微不足道的事情，可能都会给我们带来极大的幸福感；而当我们所处的环境渐渐变好时，我们的需求、观念、欲望都会发生变化，同样的事情再也不能满足我们的需求，或者给我们带来幸福感了。

很多人梦想成为有钱人，认为自己拥有足够多的金钱就会幸福。事实却不是这样。对于贫穷的人来说，获得更多的金钱可能会让他们的幸福感更强，因为人在"生存焦虑"中很难感受到幸福，而获得更多的金钱能够让他们摆脱"生存焦虑"，获得更多的幸福感。而对于那些摆脱了"生存焦虑"的中产阶级或者富人来说，金钱与幸福感之间的关系就不再这样显著了。

心理学家研究发现，当人们摆脱了"生存焦虑"的困扰之后，又会陷入另一种"享乐适应"的心理状态中，即人们在获得更好的物质生活之后，幸福感会迅速适应新的变化，然后提升自己的维度，让人们获得更高层次的满足才能感受到幸福。

无论穷人还是富人，获得越多，适应越多，渴望也越多，而幸福感则留在差不多的水平。可见，金钱带来的幸福感也是短暂的、转瞬即逝的。

如果金钱也无法打破幸福递减定律，那么去一个风景怡人的地方生活，是否会获得更长久的幸福感呢？很多人可能有过这样的感觉：在一个天气极差、环境嘈杂的地方生活久了，如果能够搬到一个风景优美、气候怡人的地方生活，肯定会感觉很幸福。然而，事实也并非如此。

心理学家丹尼尔·卡尼曼研究发现，那些搬去加州生活的人并没有因为加州怡人的气候，而感到更多的幸福。这是因为人们很容易陷入一种名叫"聚焦幻觉"的心理状态中——当人们做决定的时候，往往会过度关注某一个因素带来的幸福感，同时忽略其他因素对幸福感产生的影响，哪怕其他因素更为重要。简单来说，只有当我们被问到天气时，我们才能感受到怡人的气候给我们带来的幸福，而在日常生活中，我们往往会忽略天气对幸福感的影响。

这样说来，幸福感可能会被我们忽视，也有可能被我们放大。我们需要认真思考，自己是否拥有了想要的一切，是否过得足够幸福？如果只是待在自我营造的舒适区里，抱卑微的主观幸福感生活，又是否需要做出一些改变，尝试一些突破呢？

美国教育家杜朗曾经说过："从知识里找幸福，得到的只是幻灭；从旅行里找，得到的只是疲倦；从财富里找，得到的只是争斗与忧愁；从写作中找，得到的只是劳累。"

杜朗渴望找到幸福，却始终没有如愿以偿。直到有一天，他在火车站看见一辆小汽车里坐着一位年轻妇女，她怀里抱着一个熟睡的婴儿。一位中年男子从火车上下来，径直走到汽车旁边。他吻了一下妻子，又轻轻地吻了婴儿。然后，这一家人就开车离去了……这时，杜朗才惊奇地发现这才是真正的幸福。

贝勃定律：
好好珍惜，毕竟得来不易

一个大雨滂沱的晚上，女孩哭着冲出家门，头也不回地消失在雨中……女孩在外面走了一圈，衣服被打湿了，身体又累，肚子又饿，女孩感到十分无助，却不知道该去哪里。刚才，她和母亲大吵了一架，一气之下便离家出走了。

现在，她正好路过一家餐厅，又冷又饿的她好想吃一碗热腾腾的面条，但她的口袋却空空如也。好心的老板似乎看出了她的窘迫，于是免费请她吃了一碗面。女孩吃着面条，突然哭了起来，对老板说："我们素不相识，你居然对我这么好，非常感谢你请我吃面……"

老板说："不客气。大晚上的，还下着大雨，你为什么一个人流落街头呢？"女孩把离家出走的事告诉了老板，本以为老板会安慰自己，没想到，老板却严肃地说："我只是给你煮了一碗面，你就这么感激我，你妈妈给你煮了十几年的饭，你不更应该感激她吗？"女孩愣住了，一瞬间她想通了很多事情。

女孩想，自己和妈妈只是因为一点小事情吵架，而自己就选

101

择离家出走使妈妈焦急和生气，自己把妈妈这些年的付出全然抛弃。想到这里，女孩觉得自己很不懂事，于是向老板谢过之后便回家了。

很多时候，我们都会像故事中的女孩一样，对身边亲近人的关爱习以为常，而对陌生人偶尔一次的关心感激涕零。这其实就是心理上的贝勃定律。

有人做过这样一个实验：一个人的右手举着300克的砝码，这时在其左手上放305克的砝码，他并不会觉得有多少差别，直到左手上砝码的重量一直增加到306克的时候才会觉得有一些重。如果右手举着一个600克的砝码，这时左手上的重量要达到612克才能感觉到比右手重。也就是说，原来的砝码越重，后来就必须加更大的重量人们才能感觉到差别。这种现象就是贝勃定律。

贝勃定律告诉我们一个简单的道理，就是当人经历强烈的刺激后，再给予刺激，后面的这个刺激也就变得微不足道了。简单来说，就是第一次大的刺激能冲淡第二次的小刺激。

恋爱关系中，也经常会出现贝勃定律。比如，有一对恋人，男孩每天给女孩送一束玫瑰花。情人节那天，男孩照样买了一束玫瑰花回家。女孩却生气地说："怎么还是玫瑰花，就不会买点其他的东西吗？"另外一对恋人，男孩从来没有买过礼物送给女孩，情人节那天却买了一束玫瑰送给女孩。女孩收到玫瑰花，感到十分幸福，和男孩深情地拥抱在一起。

这就是受到贝勃定律影响的现实例子——第一个女孩每天都能收到男孩送的玫瑰，她对男孩的这种做法早就习以为常了，所以只有收到比玫瑰花更有价值的礼物，她才会感到开心和惊喜；第二个女孩因为从来没有收到过男孩的礼物，突然收到一束玫瑰花，当然会感到惊喜与满足了。

在生活中，贝勃定律随处可见，几乎每个人都会不自觉地受到贝勃定律的影响。无论在何种关系中，我们都应该知道，如果一个人总是单方面地对一个人太好，可能会让对方习以为常，感觉不到这种好，甚至让对方产生厌恶的情绪。所以，爱一个人不要太满，应该给自己留有空间。

我们为什么会受到贝勃定律的影响呢？这是因为我们的感觉很敏感，也有惰性，它会蒙骗我们的眼睛，也会加重我们的感受而让我们失去理性。因此，我们不能太自以为是，而应带着谦卑的心对待万物众生，这样才能少犯错误，防止墨菲定律发生。

同时，贝勃定律也告诉我们，无论在哪种情感关系中，我们都应该懂得珍惜自己所得，善待身边的人。正如席慕蓉所说："在年轻的时候，如果你爱上了一个人，请你，请你一定要温柔地对待他。不管你们相爱的时间有多长或多短，若你们能始终温柔地相待，那么，所有的时刻都将是一种无瑕的美丽……"

对于爱人、亲人、朋友的付出与给予，我们都应该好好珍惜，要懂得知足常乐，不断反省，不要让自己的"无限欲望"控制心智，更不能将他人对自己的好，当成理所当然。

机会成本：
换一个人就会更好吗？

很多情侣在吵架的时候，会产生一个有趣的想法：如果换一个人谈恋爱，会不会更好？从表面上看，换一个人确实会让一些问题得到解决，但与此同时也会产生新的问题。这也是值得我们认真思考和权衡的地方。

如果用经济学的思维来做权衡，那就不得不考虑换一个人的机会成本。所谓机会成本，就是在资源稀缺的背景下，选择一种方案而失去其他替代方案的成本。比如，农民在获得土地后，可以选择养猪，也可以选择养鸡。如果选择养猪，就不能养鸡。这样，养猪的成本就是放弃养鸡的收益。

机会成本也是经济学中最重要的概念之一。考虑到每一个决策都有潜在的其他替代选择，因此永远无法完全消除机会成本。所以，我们在做任何决策时，都应该考虑机会成本。

比如，在考虑分手的时候，我们也应该考虑到分手成本，然后再决定要不要分手。选择分手的成本是什么？让一段感情终结；失去一个曾经很爱自己、现在可能还爱自己的人；让自己承受分手的痛苦；等等。

选择不分手的成本是什么？继续忍受对方的冷落或坏脾气；需要去面对和解决彼此的问题；有可能让感情得到修复，和好如初，也有可能走向终结；等等。无论最后的选择是什么，我们都必须考虑到那样做所付出的机会成本。

那么，如果我们想要换一个人，又需要付出哪些机会成本呢？从表面上来看，换一个人确实有可能让我们获得更好的感情，说不定还能够遇到更合适自己的人。但也有可能让我们重蹈覆辙。

古希腊有一位大哲学家名叫苏格拉底。有一天，几位学生向向苏格拉底请教："如何才能找到理想中的伴侣？"苏格拉底没有回答，而是将三位学生带到一片麦田，让他们从麦田中摘一个最大的麦穗，并且只能摘一个，不能走回头路。几位学生兴高采烈地走进麦田，看到这个摇摇头，看到那个也摇摇头，好不容易摘下几个自认为最大的麦穗，但很快又扔掉了，因为他们觉得前面还有更大的麦穗。但没想到他们很快就走到了麦田的尽头。

最后，苏格拉底对几位学生说道："这块麦田里肯定有一个最大的麦穗，但你们未必能够找到它。即使找到了，也未必可以做出准确的判断。其实，在你们不断选择的过程中，就已经错过了最大的那一个麦穗了。"

其实，寻找理想伴侣也是同样的道理。我们一直在寻找，一直在对比，一直无法做出准确的判断，甚至认为下一个肯定会更好。但就在我们选择的过程中，可能已经错过了最好的那一个。所以，我们应该学会珍惜身边人，他不也是自己当初精心挑选的人吗？如果一直期望下一个会更好，最终可能会一无所获。

作家亦舒曾经说过这样一段话："人是犯贱的，不失去一样东西，不知道那件东西之可贵。我们总是在不断失去的时候，才不断懂得，不断成长。"

我们身边不是有很多这样的人吗？在恋爱关系出现危机时，总觉得对方这里不好，那里不适合自己，于是快速分手，接着进入下一段恋爱中。但在下一个人身上又会出现类似或者其他问题，这时又觉得还是前任好，于是又想复合……这样一路兜兜转转，经历过几次恋情后可能就会觉得真爱难寻，人生悲苦了。

所以，我们不能等走到人生的尽头了才感叹自己错失真爱，而应该学会珍惜眼前人，尊重自己曾经做过的选择。但愿每个人都能在充分考虑到机会成本的前提下，做出最明智的选择。

布里丹毛驴效应：
爱情面前切记不要犹豫不决

在恋爱关系中，有时候会面临多种选择，尤其在单身状态下，选择会更多。有的人可以快速做出选择，并且坚持自己的选择，最后建立稳定的恋爱关系。有的人却犯上"选择困难症"，一直犹豫，好不容易做出了选择，没过多久又后悔了。

在任何选择面前，犹豫不决都有可能让我们错失良机。法国哲学家布里丹提出"布里丹毛驴效应"用以解释决策过程中的这种犹豫不决的状态。

布里丹养过一头毛驴。他每天都会从附近农家买一堆草料来喂毛驴。有一天，农夫却多送来一堆草料，两堆草料完全相同，同时放在毛驴面前。毛驴左看右看，不知道如何选择。于是，毛驴就在犹豫不决间，最后活生生饿死了。

这个故事告诉我们，选择过多未必是件好事，我们首先应该弄清自己拥有的资源，弄明白自己所处的环境，不应该长时间犹豫，耽误最好的时机。

有人经常会觉得，选择越多越好，但实际上选择越多，人们需要纠结的东西也就越多。

或许有人会认为，选择越多越好，可事实上，选择越多，越会让人们陷入纠结之中。毕竟在做选择的过程中，我们必须对大量的信息进行处理，这个过程本身就很费时间和精力，也很容易让人感到困惑。而当更多选择出现的时候，出现错误的概率也会增加，最后我们可能觉得自己做出怎样的决定，都不能让自己满意，从而失去了更好的选择。

现实中有一些人他们往往会将所有可能的选项都仔细衡量一遍，最后才做出决定。这样的意志行为在选项有限的前提下或许会有不错的效果，可是一旦选项太多，那么就难以做出选择了。

为什么在面临多个选择时，我们会被布里丹毛驴效应影响？

第一，缺乏独立自主的思维。著名心理学家马斯洛说过："一个完全健康的人的特征之一就是拥有充分的独立自主性。"所谓独立自主性，就是在决策上拥有自己的主观认知，不用依赖或者求助于他人，能够快速而正确地做出决策，而不是总处于犹豫彷徨之中。

第二，缺乏清晰的目标。一个人拥有了清晰的目标，就知道如何去抉择，而不会出现犹豫不决或者盲目从众的情况。所以，当自己犹豫不决的时候，应该扪心自问一下：自己到底喜欢什么？只要有清晰的目标，便能快速地做出选择了。

第三，害怕失去。做出某种选择，也意味着要失去其他的选择。在这种"损失厌恶"的心理作用下，我们便会犹豫不决，不知道如何是好。

哈佛大学的人才学家哈里克说："世界上有 93% 的人都因为犹豫的陋习而一事无成。因为犹豫会抹杀人的积极性，让人的行动变得迟缓起来。"我们也可以想想，自己是否也是这 93% 中的一员？当那个真正适合的人出现在我们面前时，我们是当机立断，还是犹豫不决，错失缘分？

英国作家萧伯纳说过："此时此刻在地球上约有两万个人适合当你的人生伴侣，就看你先遇到哪一个，如果在第二个理想伴侣出现之前，你已经跟前一个人发展出相知相惜、相互依赖的深层关系，那后者就会变成你的好朋友；若你跟前一个人没有培养出深层关系，感情就容易动摇、变心，直到你与这些理想伴侣候选人的其中一位拥有稳定的感情，才是幸福的开始、漂泊的结束。"

如果我们总是受到布里丹毛驴效应的影响，在爱情中连做出选择的勇气和能力都没有，那当对的人出现时，我们也只能眼睁睁地错过了。

还有一些人在做出选择后又后悔了，这不仅是心智不成熟的表现，也是对自己选择的不尊重。对于爱情来说，犹豫和后悔都是慢性毒药——我们只会在犹豫不决的时候失去更多，在后悔的时候失去所有。

史华兹论断：
各不相同的幸福与不幸

　　一个人过得幸福还是不幸福，只有自己知道。人们在情感关系中出现误会、犯下错误、遇到挫折都是很正常的事情，重点是如何去看待它们，以及用什么样的态度去处理它们，这才是解决问题的关键。

　　我们面对这些问题的态度，将直接决定我们未来的情感走向——是陷入墨菲定律中，让情感关系恶化，还是让问题得到解决，让情感关系变得更加亲密和牢固。

　　如果能够在不幸中看到幸福，并且保持乐观积极的态度，那么一切的不幸又都是幸福了。生活中所有的坏事情，只有在我们认为它是不好的情况下，它才会真正成为不幸事件，这就是著名的史华兹论断。这个论断源于美国管理心理学家 D. 史华兹。

　　D. 史华兹曾经讲述过这样一个故事：天空中飞过两只小鸟，其中一只小鸟的翅膀不小心折断了。无奈之下，它只能在一棵大树上栖息疗伤，而另一只小鸟一边独自飞行，一边在为同伴的不幸遭遇而哀伤。正在这时，不远处的一杆猎枪瞄准了它。只听见

"砰"的一声，这只正为同伴的不幸遭遇而哀伤的小鸟，便惨死在猎人的枪口下，而那只受伤的小鸟在伤养好后又继续出发了。

D. 史华兹想要通过这个故事告诉人们，什么才是真正的幸福与不幸？幸福降临的时候，并不一定都带着"天使的光环"，有时也会披着一件"魔鬼的外衣"，让我们分不清楚这到底是幸福还是不幸。

中国有一句话："祸兮福所倚，福兮祸所伏。"意思是说，福与祸相互依存，互相转化，也比喻坏事可以引发出好结果，好事也可以引发出坏结果。

有的人在志得意满的时候，狂妄自大，反而使灾祸滋生，陷入墨菲定律中；有的人在逆境中百折不挠，勤奋刻苦，反而将逆境变为顺境，扭转了败局。这个世界上根本没有纯粹的幸福与不幸。正所谓，塞翁失马，焉知非福。

很多时候，我们在情感关系中会犯下错误、遇到挫折，这并不见得就是坏事。因为它们也可能让我们学会反省、学会理智、学会责任、学会珍惜。

人生的痛苦与不幸并不可怕，可怕的是想象之中的痛苦与不幸。很多人的痛苦与不幸其实都是自己想象出来的。有的人甚至会因为想象之中的痛苦与不幸而产生焦虑、恐慌的情绪。其实，只要我们换一种心态去面对不幸，就会看到完全不一样的世界。

有一位著名的心理学家曾经说过："当一个人生动地把自己想象成为一个失败者，这就足以使得这个人无法取得胜利；当一个人生动地将自己想象成为一个胜利者，这将给这个人带来无法估量的成功。"现实的经验也告诉我们：只有心中想成为一个什么样的人，才有可能成为那样的人。

我们谁也不知道，意外和明天哪一个会先到来，幸福与不幸哪一个会突然造访。但是，我们可以管理自己的情绪，无论面对何种情境，始终保持积极乐观的态度。这样，我们便能像 D. 史华兹所说："即便是天大的不幸，只要我们能以平常心坦然地接受，把它看作人生中必要体验，找出蕴含在其中幸福的因子，那么，它也会让你感受到幸福。"

墨菲
定律

第七章

保持淡定，
从容面对人生坎坷风雨

　　负面情绪如同洪水一样，越是遏制，越会产生巨大的威力，所以我们不能拒绝、逃避负面情绪，而应该以平和的心态将情绪的洪水引流到不同的位置，让它安全渡过大坝，变成生活中的"涓涓细流"，滋养而不是摧毁自我及身边的人。

踢猫效应：
坏情绪是传染力最强的"病毒"

如果我们把快乐分享给另一个人，就会得到双倍的快乐；同样，如果我们把坏情绪传染给另一个人，就会让坏情绪不断发酵升级。在感情世界里，情绪是会相互传染的，喜欢一个人的时候，对方的喜怒哀乐都会不自觉地影响到自己的情绪。

良好的情绪状态会让两个人充分享受到爱情的甜蜜，而坏情绪则会相互传染、相互影响，如果没有得到及时疏解，甚至会让感情出现危机。这就是心理学上的踢猫效应。

一位父亲在公司里被老板批评了，憋了一肚子火气，回家便和妻子大吵了一架。愤怒的妻子看到孩子在沙发上跳来跳去，又将孩子骂了一顿。孩子的心里也充满了愤怒，将身边可爱的小猫一脚踢出了窗外。可怜的小猫惊慌失措，在街上乱窜，这时正好有一辆卡车驶过。为了避开突然出现的小猫，卡车只能急转弯，最后撞伤了路边的小孩。

踢猫效应描绘了一种典型的坏情绪传染所导致的恶性循环。

在爱情关系中，你和你的爱人作为踢猫效应链条中的两个环节，将对情绪问题的走向起着决定性作用。有的人不懂得情绪管理，产生坏情绪的时候，不会静心思考原因，而是将这种坏情绪发泄给身边的人——而最亲密的爱人，自然成了无辜受害者。

这个时候，如果爱人能够理解并处理好这种坏情绪，踢猫效应的链条就此中断，也不会再蔓延下去，造成更大的问题。可是，如果爱人也是一个情绪暴躁的人，那么坏情绪将不断扩展，进而引发踢猫效应。

那么，如何才能避免这种恶性循环发生呢？答案是做好情绪管理。

情绪管理的概念最先由哈佛心理学博士丹尼尔·戈尔曼提出，他对于情绪管理的定义是："善于掌握自我，善于调制合体调节情绪，对生活中矛盾和事件引起的反应能适可而止地排解，能以乐观的态度、幽默的情趣及时地缓解紧张的心理状态。"

简单来说，情绪管理主要包括三方面的内容：一是认识自己的情绪，二是疏解自己的情绪，三是适当地表达自己的情绪。

一个人如果能够在心情不好的时候，控制住自己的怒火，能够在情绪低落时，给自己加油打气，能够在任何坏情绪来临时，学会驾驭它们，而不是被它们操控，那么也能打乱踢猫效应的链条，让亲密关系不至于出现更大的问题。

哈佛经济学教授詹纳斯·科尔耐曾经说过："我把人在控制情绪上的软弱无力称为奴役。因为一个人被情绪所支配，行为便没有自主之权，而受命运的宰割。"

在心理学上，有一个著名的"脱困四问"，它能帮助我们有效觉察和调节自我情绪：

1. Emotion：我正处于何种情绪里？这种情绪的程度如何？

2. Event：我为什么产生这样的情绪？这一过程需要客观真实看待所发生的事，当发现表述有主观倾向时，需要重新返回第一问，再次正确认识自己的情绪。

3. Target：我的初衷是什么？

4. Action：接下来我应该怎么办？我可以做些什么？

当我们发现自己被困在某种情绪中时，便可以通过"脱困四问"来认清并调节自己的情绪，最终找到情绪的出口，为自己重新设定行动目标。

"有意识地觉察"能够帮助我们脱离茫然无知的情绪状态，让我们清楚地知道自己正处于怎样的情绪状态中，这样便有了管理情绪的意识基础，也就不会再被各种情绪牵着走了。

最后，我们还要学会正确地表达自己的情绪。有的人在表达自己的情绪时，经常会犯一些错误。比如，不清楚自己的感受，随意乱发脾气；不敢直接表达自己的情绪，冷漠相对，一言不发；只知道指责对方，夸大对方的过错；拒人于千里之外或者一味讨好；等等。这些错误的情绪表达方式，只会引起误会，让矛盾激化，给自己带来更多的烦恼，也让身边的人难以接受。

拿破仑曾说："能控制好自己情绪的人，比能拿下一座城池的将军更伟大。"

真正高情商的人，不仅能够管理好自己的情绪，不让坏情绪传染给身边的人，还能接收、理解和疏解身边人的坏情绪，不让坏情绪产生踢猫效应。因为他们知道，传染力最强的"病毒"就是坏情绪，如果任由它发展、壮大，最后只会令亲密关系走向毁灭。

刺猬法则：
捍卫心理空间是人性本能

　　情侣之间相处，一定要形影不离、每天都腻在一起吗？当两个人进入恋爱的状态时，彼此间的距离就会缩短，这是必然的，但彼此间却不能永远保持着"零距离"。或许有的人会认为，恋爱对象是自己最亲近的人，理应没有任何距离。但是，要知道，只有保持恰当的距离才能让彼此都感到舒服，距离太远或太近，都会出现问题。

　　我们可以想象一下，如果两个人每天都腻歪在一起，刚开始可能会使感情迅速升温，但当感情到了临界点之后，各种问题也会频频出现，甚至陷入墨菲定律中。因此，情侣之间最好的相处状态，应该是给彼此适当的距离与空间。这样反而能让感情保持长久的新鲜感，也让彼此的关系变得越来越牢固。在心理学上，这种保持距离的相处方法，被称为刺猬法则。

　　在一个下着大雪的冬天，两只小刺猬因为寒冷而抱在一起，想要彼此取暖。但它们的身上长满了尖刺，紧紧抱在一起会刺痛对方。于是，它们挪开了一段距离，可寒意太浓，它们又冷得打哆嗦。于是，它们又向彼此靠近一点……这样反复调整了好几次，它们终于找到了一个最适当的距离——既能够感觉到彼此的温度，又不会被对方刺伤。这便是人际交往中的刺猬法则，也称为心理距离效应。

法国的戴高乐总统就是一位很懂得运用"刺猬法则"的人。他曾说："仆人眼里无英雄。"大意指人与人的交往要留有余地，即相应的心理距离，如果失去这种距离，那么再伟大的人也会变得平凡。

戴高乐总统正是善于利用这种心理距离的人，所以他很好地制约着身边的人，让自己的形象不断高大起来，并造成一种心理上的压迫力，从而迫使对方服从命令。

著名的美国人类学家爱德华·霍尔博士认为，自我空间的范围由他们双方的人际关系决定。根据此理论，他将人与人之间的心理距离分为四种。

1. 亲密的距离或零距离

这一距离指的是与贴心朋友、家人或者爱人之间的距离。但如果将其他与之不相干的人带入亲密距离之中，都或多或少会对双方造成负面影响，很多情况会使彼此陷入尴尬。而这样距离的建立需要彼此长期的接触。所以说，这个区域对我们来说非常重要，不能轻易与他人共享。

2. 个人间的距离或分寸感距离

这个距离区域是针对熟人之间来说的，他们彼此之间相互了解才能拥有这样的距离。熟人相遇彼此打招呼，礼貌问候，或闲谈示好，或握手点头。但最后他们都会有个分寸，酒至微醺，话到七分，总之，彼此的交往处于合适的范围，保留理智，互不影响。

3. 社交上的距离或正式的距离

这指的是友好者之间的距离，需要一定的过渡性，双方不会有太多交际，但也会在少有的见面机会中表示好意，但又不会刻意去与之相处。这是一个介于认识与陌生之间的距离，这样的距离让双方能够控制好彼此思维的力量。

4. 公众间的距离或不可联系的距离

拥有这样距离的双方不会有过多的交往，彼此之间属于陌生人状态。这样的空间中，思想和选择性能够大量地被开放，与什么样的人结交，就意味着有什么样的结果。与这些不同的人交往依赖着我们思想的释放，在于需求和目的的相互满足。

可见，人与人之间保持适当的心理距离，才能让彼此间的关系更稳固，而且把正确的人放在正确的心理区域内，才能让彼此拥有最舒服的相处状态。爱一个人，也要给对方一定的空间，保持一定的距离，如此更能产生美感和吸引力。

禁果效应与沙漏定律：
越禁越诱惑，越紧越抗拒

在学生时代，老师或家长总爱发布这样一道"禁令"——不许谈恋爱。大部分学生会乖乖学习，不敢触犯这道禁令。但也有一些学生故意触犯，不顾后果，大胆地挑战老师与家长的权威。

孩子为什么会故意做一些明令禁止的事情呢？这种现象可以用心理学上的禁果效应来解释：越是被禁止的东西，人们越要得到手。人们越是要掩盖某个信息不让别人知道，越容易勾起他人的好奇心和探求欲，进而促使他人试图利用一切渠道来获取被掩盖的信息。简单来说，就是越禁越诱惑。

"禁果"一词来源于《圣经》，指的是夏娃不听从神的旨意，被神秘的禁果吸引，在蛇的引诱下偷吃禁果的故事。禁果效应告诉我们，无法知晓的神秘事物比能接触到的事物对人们有更大的诱惑力，也更能促进和强化人们渴望接近和了解的诉求。

禁果效应的心理学基础是两种心理：一个是逆反心理，另一个是好奇心。这两者都是人类的天性，人们倾向于对自己不了解的事物产生好奇心，而逆反心理则基于人们挣脱束缚、追求自由的天性。人们倾向于对自己不了解的事物产生好奇且逆反的心理则基于人们挣脱束缚、追求自由的基因。

在学生时代，老师和家长越是禁止孩子谈恋爱，孩子越是想偷偷地谈。这不仅是青春期分泌旺盛的荷尔蒙在起作用，更是因为这个时期的孩子所具有的强烈好奇心和逆反心理在起作用。等孩子毕业了，长大了，家里开始催结婚了，但他们又开始变得不想结婚，这也是受到禁果效应的影响。

如果我们正处于禁果效应中，应该如何应对呢？最好的方法就是提高自己的认知能力。我们从小接受教育，不断地学习知识，也是在不断提高自己的认知能力。如果能够将自己的见识转化成一种思维能力或者决策能力，并且运用到现实生活中去，使自己的行为充满了智慧，自然就会减少很多盲目的好奇，以及无知的探索行为。见多识广的人能够一眼看穿"禁果"的本质。

另外，也要足够理解和信任对方。只有足够理解，才知道对方为什么会被"禁果"诱惑；只有足够信任，才不会过分担心对方会被"禁果"诱惑。

如果总是担心害怕，总是想要禁止对方的行动甚至想法，最后只会适得其反，甚至陷入墨菲定律中，使所有担心的事情变成现实。

最后，不要把对方看得太紧，因为每个人都有逆反心理，越紧越抗拒，在一段恋爱关系中，如果一个人总是把另一个人看得太紧，最后往往会更快地失去。这便是恋爱中的沙漏定律——紧握在手里的沙子，只会从指缝中一点点流走，并且握得越紧，流失得越快。因此，要学会给对方一点空间，不要把对方看得太紧了。

如果总是把对方看得太紧，只会让对方越来越压抑，越来越逆反。所以爱一个人永远不要太"满"，要学会给对方留下一点空间，这样对方才不会因为没有喘息之机而逃离。

破窗效应：
把小分歧解决在萌芽状态

行为心理学家告诉我们，任何一个行为都不是完全独立存在的，它的产生与进行都会和其他一连串行为产生关系。也就是说，任何一个较小的行为都会影响到其他较大的行为。

在一段关系中，如果一个小错误没有及时修补和解决，那么往往会连带出其他更大的错误。因为小错误会引发连锁反应，最终导致更大的错误发生。这便是哈佛大学的威尔逊教授提出的破窗理论。

所谓破窗理论，是说如果有一个公共建筑物的一扇窗户被损坏了，没有进行及时修补，那么这个建筑物的其他窗户也会被损坏。

破窗理论的核心思想表明，环境可以对一个人的行为产生强烈的诱导与暗示。如果一个人犯了细节上的小错误而没有及时弥补或修正，那么他就会犯更多的错误。

就拿损坏窗户这件事情来说，如果破了的一扇窗户没有及时修补，那么人们就会想到再损坏几扇窗户也没有什么大不了的。很多人正是因为有这样的心理，对于很多细节上的小问题视而不见，才放任自己去犯错。

一个人犯了一个小错误时，心里的第一个想法就是觉得这不过是一个小错误，问题不大，可以直接忽略掉。这是人的一种惯性思维。可事实上，有时候，小错误也不容忽视，毕竟很多人有过因小失大的时候。

生活中有一些事情也是这样，放任小错误不管，必定引发破窗效应：第一次伤害没有被重视，第二次的伤害便会接踵而来；出轨和背叛，只有零次和无数次的区别……

如果我们想要建立稳固、坚定的关系，就要从细节上入手，千万不能放任小错误。很多人就是因为不在乎细节，才引发破窗效应，最终酿成了无法挽回的结局。

正所谓"把细节做到极致就是完美"，虽然我们不追求完美，但是为了建立稳固、坚定的关系，我们也必须重视细节。

当我们发现一段关系中出现破窗效应时，应该如何补救呢？

第一，正确对待小错误。有一句话："千里之堤，毁于蚁穴。"意思是说，一个小小的蚂蚁洞可以使千里长堤毁于一旦。如果忽略一段关系中出现的小错误，最后可能导致更多、更大的错误出现。因此，当小错误出现时，我们应该给予足够的重视，不要让小问题最后演变成大问题。

第二，从源头解决问题。特斯拉公司 CEO 埃隆·马斯克曾说："我相信有一种很好的思考架构，就是第一性原理，我们能够真正地去思考一些基础的真理，并且从中去论证，而不是类推。我们绝大多数时候是类推地思考问题，也就是模仿别人做的事情并加以微幅更改。但当你想要做一些新的东西时，必须要运用第一性原理来思考。"

同样的道理，我们也可以运用"第一性原理思维"，想想问题的根源在哪里，一切问题都要从源头上解决，这样能有效防止问题扩大，或者变严重。

第三，及时补救。在小错误还没有造成较大影响之前，我们就应该及时进行补救。这时候的小错误也是最容易解决的。在弥补自己犯的小错误时，也不要再次犯错，因为很多大的错误是由一连串小的错误组成的，只要能够避免某一个环节上的小错误的出现，就能避免造成更大的错误。

很多人会因为破窗效应的出现而自乱阵脚，然后通过"拆东墙补西墙"的方法进行弥补。这样做的后果只有一个，那就是到处都会出现窟窿，该补的地方没有补上，不该补的地方也被挖出了窟窿。

这也是人的一种常见心理，为了圆一个小谎而说更大的谎，为了弥补一个小错而犯大错。其实只要能够调整好自己的心态，正视所有的小错误，并且采取一定的弥补措施，就能够将错误的影响控制在最小的范围之内，也不会让自己陷入无尽的烦恼之中。

霍桑效应：
适度发泄负能量才能轻装上阵

人不可能永远处于正面情绪中而不被负面情绪困扰。虽然人们的日常口号是"传递正能量"，但生活中又不可避免地出现各种负能量。

畅销书作家奇普·康利在《如何控制自己的情绪》一书中写道："我曾经看过表达情绪的词句的统计有558—800多个，令人不解的是，几乎在每一项研究中，将近2/3的词句都蕴含着负能量。所以，有一份欢乐，就有一份忧郁和一份贪婪。"

可见，在所有的情绪中，负面情绪所占的比重往往大于正面情绪。那我们应该如何去面对这些负面情绪呢？要知道，情绪是不可能被完全消灭的，所以只能适当地抒发自己的情绪，让情绪像洪水一样安全渡过大坝。如果不懂得控制、调节自己的情绪，一旦情绪失衡，陷入过多的负面情绪中，就会直接影响生活质量及工作、学习的效率。

在情感关系中也是如此，一个人积蓄的负面情绪过多的话，总有一天会大爆发。社会心理学上著名的霍桑效应告诉我们，只有适度发泄负面情绪，才能轻装上阵。

哈佛大学教授梅奥曾带领团队做过这样一个实验：他们来到霍桑工厂（美国西部电器公司的一家分厂），在电器车间随机选择了6名女性工人作为研究对象。然后通过改善工作环境、工作条件等因素，希望能够找到一种提高劳动生产率的有效方法。

实验一共分为7个阶段，每个阶段梅奥都会采取各种不同的方法，比如增加照明度、让工作环境更舒服、提高工资与福利待遇、增加休息时间等，希望能够证明这些外在因素对工人生产率的影响，不过得出来的结果并不明显。

梅奥教授与团队成员又制订了其他方案，但仍旧收效甚微。接着，在约两年的时间内，他们找工作者谈话两万多次，耐心听取工作者对于管理的意见和抱怨，并让工作者将自己心中的负面情绪宣泄出来。结果，这些工作者的工作效率大大提高。这种奇妙的现象就被梅奥教授命名为霍桑效应。

霍桑效应告诉我们一个道理：人的一生中会产生数不清的意愿和情绪，但最终能实现、能被满足的却为数不多。对于那些未能实现的意愿和未被满足的情绪，切莫压制下去，而要千方百计地将它们宣泄出来，这对人的身心和工作效率都非常有利。

所以说，如果负面情绪没有得到宣泄，就会越积越多，越积越深，最后可能引起可怕的墨菲定律，让一切都朝着不好的方向发展。日本作家有川真由美曾说："人人都有陷入负面情绪中难以自拔的时候，如何应对消极情绪便成了实现目标、提高生活质量的关键。"

她在《整理情绪的力量》一书中总结了几种实用的调节、疏解情绪的方法：

第一，转移注意力，疏解负面情绪。每个人都容易陷入这样一种状态中：专心看电影、听音乐，或者沉浸在一件事情中时，身边人的一举一动可能都无法察觉到。这是因为注意力高度集中在某个点时，人的大脑会忽视身边其他现实的状态。所以，我们可以通过转移注意力的方法，来模糊处理内心不好的情绪，让其边缘化，进而完成疏解。

比如，我们可以给自己心理暗示，在每次情绪激动时都告诉自己要保持冷静，以此来转移自己的情绪；还可以在情绪激动时，有意识地转移话题或者做一些别的事——聊天、散步、深呼吸等，让自己的情绪逐渐平复下来。

第二，学会换位思考，让负面情绪自动疏解。很多人被负面情绪困扰，都是因为过于看重自身的感受，而忽略了他人的感受。换位思考能够帮助我们走出自我情绪的旋涡，站在他人的立场上去看待问题，与他人互换角色，将心比心，脱离自我的感受，进而让负面情绪自动疏解。

第三，找到负面情绪与正面情绪的平衡点。情绪本身就具有两面性，正面情绪能够让人获得积极向上的力量，让人快乐、沉着、冷静，进而营造出和谐的氛围；而负面情绪会让人沉溺在烦恼、悲伤、痛苦之中无法自拔。因此，我们要努力找到正面情绪和负面情绪的平衡点，让自己多处于正面情绪中，少被负面情绪影响。即使处于负面情绪中，也要学会化悲痛为力量，从负面情绪中找到积极的力量。

亚里士多德曾经说过："生活的本质在于追求快乐，而让自己的人生变得快乐的途径有两种：不断地发现有限生命中的快乐时光，并增加它；发现那些令自己不快乐的时光，并尽量减少它。"

人不可能没有情绪，也不可能永远处于正面情绪之中，关键在于找到正面情绪和负面情绪的平衡点，让正面情绪不断增加，负面情绪得到疏解。

负面情绪如同洪水一样，越是遏制，越会产生巨大的威力，所以我们不能拒绝、逃避负面情绪，而应该以平和的心态将情绪的洪水引流到不同的位置，让它安全渡过大坝，变成生活中的"涓涓细流"，滋养而不是摧毁自我及身边的人。

鳄鱼法则：
不要总是关注舍弃时的痛苦

投资心理学中有一个重要的理论，叫鳄鱼法则，它描述了这样一种情况：假如你的一只脚被鳄鱼咬住了，而你想用双手去推鳄鱼从而把脚挣脱出来，最后反而会被鳄鱼咬住手脚。这时，你挣扎得越厉害，被鳄鱼咬住的身体范围就越大。所以，当鳄鱼咬住你的一只脚时，最好的解决方法就是牺牲那一只脚。

人生不仅需要做出选择，也需要舍弃一些东西。在某些特定情况下，舍弃是一种明智的选择，也是一种智慧。

在下象棋的时候，我们可能会听到四个字"丢卒保车"，比喻为了保住主要的而舍弃次要的，这也是象棋战术中非常高明的一招。换个角度来看，"丢卒保车"也是一种鳄鱼法则，需要博弈者"走一步，想五步"。从表面上来看，舍弃是一种比较消极的行为，但在某些特殊情况下却能收获积极的效果。

从小我们就接受这样的心理暗示——做事情就要懂得忍耐与坚持，不要轻易放弃，更不要半途而废。可现实却教会我们要懂得有智慧地选择，在追求梦想的过程中既要懂得坚持，也要学会放弃，因为如果前进的方向错了，就算付出再多努力，也不可能到达目的地。

在股市中，聪明的股民只要发现交易背离市场方向，会果断舍弃手中的股票，以免造成更严重的损失。在生活中，如果犯了错误就应该立即采取补救措施，而不是纠结错误本身。

智者曰："两弊相衡取其轻，两利相权取其重。"鳄鱼法则的实质是趋利避害，这也是我们应该学会的处世法则。

很多人之所以难以做出舍弃的选择，一方面是因为"损失厌恶"，谁也不想去面对损失，无论这种损失是大是小；另一方面是因为受到"完成驱动力"的影响。

一个非得把每件事情都做完的人，由于受到强烈的"完成驱动力"的影响，可能会导致自己的生活没有规律、情绪过于紧张。比如，有的人会强迫自己把一件毛衣织完，可是织成之后自己并不喜欢，不过她还是会觉得那件毛衣非穿不可。

那么，我们应该如何让自己不受"完成驱动力"的影响呢？最好的方法就是，做任何事情都要有自己的评判标准，如果觉的不值得做，就要勇于放弃。另外，还可以编制一个时间表，把那些必须要做的事情写出来，再把那些可以不用去做的事情写出来，然后勇敢地放弃。

鳄鱼法则适用于生活、职场、社交、投资等方面，同样也适用于爱情。每个人在遇到自己心仪的对象后，都会寄予最美好的期望，希望能与对方愉快相处，从恋爱走到婚姻，然后相守一生。有这样的期望自然没有错，但在情感世界里，一个人的执念并不能决定两个人的命运。遇到良人自然是皆大欢喜，但遇到不对的人，恐怕就只能"多情总被无情伤"了。

很多时候，我们自以为遇到了真爱，希望可以和对方过一辈子，却不知对方只是我们人生中的过客。当我们想要好好爱一场的时候，对方却毅然转身，说了再见。这时候，我们不得不做出新的选择，是继续，还是果断舍弃？

在情感世界里，"爱而不得"是一种很常见的现象。有时候是你喜欢别人，而别人不喜欢你；有时候是别人喜欢你，而你没有感觉。这两种情况都需要你做出选择。

如果你深爱一个人，而那个人对你没有感觉，你就应该静下心来认真思考，做出选择了——继续坚持，可能会让自己遍体鳞伤；毅然放弃可能会不舍，但从长久的幸福来看，未必是一件坏事。我们应该为了真爱而勇往直前，但不能太过执着，尤其在感情中受到了伤害的时候，最好能够遵行鳄鱼法则，及时舍弃，及时止损，长痛不如短痛。

墨菲
定律

第八章

善于经营，
别让爱情于琐碎中消磨殆尽

　　我们也要学会给爱情"保鲜"，尽量让恋爱关系充满激情。有时候，一点儿小惊喜、小改变，可能就会重新点燃对方的激情。真正的新鲜感不是和不同的人做同样的事情，而是和同一个人做不同的事情。这也是防止爱情出现内卷化效应的有效方法之一。

晕轮效应：
那些被选择性忽略的情感细节

很多人曾有过这样的经历：在刚恋爱的时候，觉得对方什么都是好的，哪怕有一些不好的地方，也会被对方身上的"光环"掩盖。但是随着时间的推移，又渐渐觉得对方并没有那么好了，甚至有很多地方自己难以忍受，感到厌恶。为什么会出现这样的现象呢？原因就在于刚恋爱的时候，很多人会受到晕轮效应的影响。

晕轮效应是指人们对于某个事物做出好恶的评价之后，再根据这个评价推论出该事物的其他品质的现象。简单来说，如果该事物的评价为"好"，那么它就会被笼罩在"好"的光环内，并且被赋予所有好的品质。相反，如果该事物被评价为"坏"，那么它就会被"坏"的光环笼罩，它的所有品质都会被认定为坏的。

晕轮效应会放大一个人的缺点和优点。在刚恋爱的时候，我们认为对方是最好的，做什么事情都是对的，哪怕有人指出对方身上的缺点，我们也不会认同，因为在我们心中，对方什么都是最好的。这种情况就是受到了晕轮效应的影响，也可以说成"情人眼里出西施"。

美国心理学家凯利说："如果一个人的某些品质，或者某个物品的某些特性被人们给予了非常好的评价，那么在这种评价的影响之下，人们会对这个人、这个物品的其他品质或特性也会给予较好的评价。"这就是晕轮效应对于人们的影响。

从认知的角度来看，晕轮效应仅仅抓住了人或事物的个别特征而对其全面或本质做出评价，这是很片面的。

为什么我们的大脑会被晕轮效应影响呢？我们都知道大脑分为左脑和右脑，左脑负责语言、推理、逻辑分析等理性思维，而右脑主要负责直觉、情感、形象记忆等感性思维。

晕轮效应就来源于我们的右脑，也就是我们常说的直觉。比如，我们对某个人一见钟情，这种感觉是没有经过左脑理性判断的，而只是通过对方的外貌、声音、气质等做出了直觉的判断。

当然，在晕轮效应的影响下建立的恋爱关系，往往是不稳固的。因为随着时间的推移，新鲜感会慢慢消失，感情也会慢慢趋于平淡。恋人们会渐渐发现，自己的对象并没有刚开始那样好，甚至会有一种上当受骗的感觉。可见，晕轮效应会让恋爱中的男女看不清真相，分不清好坏真假。

那么，我们应该如何避免爱情中受到晕轮效应的影响呢？

第一，理性地看待第一印象。在第一次见面的时候，千万不要被第一印象欺骗，先入为主的第一印象往往最容易影响我们接下来的判断。所以，无论第一印象是好是坏，我们都不要妄下定论，而应该多多交流。

第二，多方位思考。正所谓"当局者迷，旁观者清"，如果想要和对方交往，可以多听听身边人的意见，再结合自己的想法，进行多方位思考，避免个人主观的判断失误。

第三，正视自己的"偏袒"。很多热恋中的男女会对恋人产生一种偏袒心理，只看到对方的优点，看不到对方的缺点。因此要正视这种偏袒心理，做任何决定的时候都要保持理智，不要受到对方的干扰。

内卷化效应：
若要相爱经久不衰，切勿相处经久不变

　　2020 年，"内卷"一词爆红网络，并且被《咬文嚼字》杂志评选为"2020 年十大流行语之一"。所谓"内卷"，本意是指人类社会在一个发展阶段达到某种确定的形式后，停滞不前或无法转化为另一种高级模式的现象。简单来说，就是故步自封，缺乏超越自我的力量。

　　"内卷"一词最早进入公众视野是因为几张名校学霸的图片。现在很多高等学校的学生用"内卷化效应"来指代非理性的内部竞争或"被自愿"竞争。"内卷化效应"也因此逐渐在大学生群体中广为流传、屡次出圈，且引起一波又一波的网络讨论热潮。

　　在现实生活中，很多人在面对教育、就业、职场、考试、婚恋、投资等领域的竞争时，往往感到为了生存要付出更多努力，生活越来越累，内心的压力越积越多，并且将这种群体压力归因为"社会内卷化"。

　　人们陷入内卷化效应中时，往往会失去斗志，不思进取。央

视记者在陕北采访一个放羊的小男孩时，两人曾有一段发人深省的对话。

记者问小男孩："为什么要放羊？"

小男孩回答："为了卖钱。"

记者继续问："卖钱做什么？"

小男孩回答："娶媳妇。"

记者皱眉："娶媳妇做什么呢？"

小男孩回答："生孩子。"

记者疑问道："生孩子为什么？"

小男孩回答："放羊。"

记者与小男孩的这段对话，充分且形象地解释了什么是"内卷化效应"。

20世纪60年代末，美国著名的人类文化学家利福德·盖尔茨独自一人来到爪哇岛生活。虽然他每天都面对着如诗如画的美景，却没有心思欣赏，因为他此行的目的是研究岛上的农耕生活。他发现当地人每天日出而作，日落而息，年复一年，日复一日……大家日子清闲，但基本处于一种简单重复、没有进步的轮回状态。

后来，利福德·盖尔茨在自己的论文中将这种状态称为"内卷化效应"。

21世纪的社会飞速发展，竞争激烈，人们将面临来自各方面的压力。在这样的时代背景下，任何人都必须想办法克服自身的内卷化效应，不断进步，不断超越自我。

无论是社会、组织，还是个人，一旦陷入内卷化效应之中，就如同车入泥潭，原地踏步，裹足不前，无谓地耗费着有限的资源，浪费着宝贵的时间。

恋爱关系中也会出现内卷化效应。当两个人从充满激情的甜蜜期，进入稳定的平淡期后，感情状态很容易出现内卷化效应——长久处于单一、枯燥的相处模式中。正因如此，很多人才无法走过爱情的"七年之痒"。

若要相爱经久不衰，切勿相处经久不变。关于爱情，最可怕的事情不是发生争吵或者产生矛盾，而是在悄无声息中失去激情，在不断重复中变得越来越乏味。

著名心理学家默斯特因曾经提出过一个恋爱心理学理论——SVR理论。这个理论将爱情分为三个阶段，用于解释一个人在恋爱过程中的心理变化。

第一，刺激阶段（S）。该阶段指的是双方的初次接触，因为双方互不了解，于是对方的外貌、体形、着装等外在表现都会给我们带来刺激。当我们第一次遇到一个人并对他一见钟情时，实际上意味着这个人的某些外部表现吸引了我们的注意力，并使我们对其感兴趣。

第二，价值阶段（V）。该阶段代表着两个人相遇后，彼此开始有了更深的理解，这一阶段产生的理解主要是基于双方的"三观"和信念。如果两个人的"三观"有很大一部分重叠，那就说明两个人有共同的语言，交流之时可以产生共鸣。

第三，角色阶段（R）。经过全面了解，两个人都知道对方感兴趣的地方，找到了刺激点，感情最终进入稳定期。这时，两个人开始互相审视，更注重生活中彼此的互补与协调。

很多爱情在进入第三个阶段后，会因为缺少新鲜的刺激，而渐渐对这种稳定的关系感到厌倦，这也是很多爱情最终分道扬镳的主要原因之一。

所以，我们要学会调整心态，正确面对爱情中的内卷化效应。爱情不可能永远充满新鲜感，也不可能永远处于激情四射的状态。当爱情趋于平淡，甚至缺乏激情的时候，我们更要学会珍惜，因为任何一段感情都会经历这样的阶段。

同时，我们也要学会给爱情"保鲜"，尽量让恋爱关系充满激情。有时候，一点儿小惊喜、小改变，可能就会重新点燃对方的激情。真正的新鲜感不是和不同的人做同样的事情，而是和同一个人做不同的事情。这也是防止爱情出现内卷化效应的有效方法之一。

皮格马利翁效应：
亲手调教出一个完美恋人

"业由心造"，意思是说我们内心所思，最后往往会变成现实。所谓"业"就是"业障"，是指造成某种现象的原因。可见，在很多时候，我们期待什么就会得到什么。这便是心理学上著名的皮格马利翁效应。

古希腊神话中，有一位叫皮格马利翁的雕刻家。有一天，皮格马利翁凭着精湛的雕刻技术，将一个象牙雕刻成一位优雅的美女，并深深地爱上了她。他每天望着雕刻美女发呆，并乞求上帝能将雕塑变成真人。他的爱意不断升温，最终感动了上帝，上帝将雕塑变成了真正的美女，最后美女和皮格马利翁幸福地生活在一起。

这个美丽的传说告诉我们一个道理，那就是期待什么就会得到什么。只要一个人能够充满自信地期待着，并为此付出努力，那么想要的终究会得到。相反，如果一个人认为自己期待的事不会发生或者会受到阻碍，那么阻碍就真的会产生。当然，这些并不是唯心理论用来欺骗人的说辞，而是心理学上被多次验证过的效应——皮格马利翁效应或者罗森塔尔效应——它是由哈佛大

144

学的心理学家罗森塔尔提出的。用罗森塔尔的话来说："学生的成绩及智力发展，都与老师的关注度成正比。"

罗森塔尔教授先将自己的理论用在小老鼠身上，然后又扩展到人身上。新学期开学第一天，在美国加州的一所中学里，罗森塔尔教授叫来三位老师，并对他们说："你们三位是全校最好的三位老师，因此我与校长商量好了，从全校挑选出一百名最聪明的学生，把他们分成三个班，让你们来教育。这一百名学生的智商和情商都高于普通孩子，我想你们一定可以把他们教育得更好，对吧？"

三位老师几乎同时点头，都说会竭尽全力去教好这些学生。

罗森塔尔教授又嘱咐道："你们在教学过程中，不要让这些孩子知道他们是全校最优秀的，是精心挑选出来的，而是像平常一样教育他们……"

三位老师再次点头答应了。

一个学期很快过去，三个班的学生表现优异，成绩是学校里最好的。

这时候，罗森塔尔教授对三位老师说出了实情："这些学生其实并不是我和校长精心挑选出来的最优秀的学生，他们只是随机挑选出来的普通的学生而已。"

三位老师感觉十分惊讶，他们原本以为是自己的教学认真，加之学生聪明，所以才获得那样的好成绩。没想到，罗森塔尔教授又说出一个真相："其实，你们三位老师也是我和校长随机抽取的普通老师，只是因为你们认为自己是最优秀的，并且认为自己教的学生更聪明，所以对工作充满信心，并且更加认真负责，所以才有了这样皆大欢喜的好结果。"罗森塔尔教授将这一现象称为期望效应。

所以说，皮格马利翁效应还被称为期望效应，它也是常识教育的基础理论，只是它的价值没有得到足够认可罢了。

为什么这些普通的学生和老师，在"假信息"的基础上做出了"真效果"，变成了优秀的学生和老师呢？

罗森塔尔教授指出，这主要是由于权威性的预测引发了老师对于学生的较高期望，而这种高期望在短短的一学期内发挥了神奇的暗示作用。那些本来成绩一般的学生在接受了老师精心的关注和培养后，会按照老师所规划的方向和标准来重新塑造自己，并且对自己的角色意识及行为做出调整。

皮格马利翁效应告诉我们一个简单的道理，那就是期待什么就会得到什么，这是心理高度所创造的奇迹。只要一个人能够充满自信地期待着，那么真正相信的事情就会慢慢发生。

在感情中，我们也可以利用皮格马利翁效应，亲手调教出一个完美恋人。在与伴侣相处的过程中，只要能够感知到对方的期望，就会有意识或无意识地满足对方的期望。比如，我们希望对方可以做好某件事情时，可以对对方说："你肯定可以做得很好。"这样，对方就会朝着我们所期望的方向发展，"完美情人"也是在这样的期望中产生的。

稀缺效应与蔡加尼克效应：
得不到的永远在骚动

假设现在你的面前有两件款式和质量都一样的衣服，一件价格比较便宜，另一件价格较高。如果让你在这两件衣服中做选择，你会不会觉得价格更高的那件衣服会更好呢？这就是心理学上著名的稀缺效应——人们总是会对那些相对来说不太容易得到的东西抱有很高的期望，并且不惜为此付出努力。

一般来说，人们总是会忽略那些一般的或者有替代品的商品或者服务，重视那些稀缺的或者与众不同的商品或者服务。人们普遍认为稀缺的东西价值更高。

为什么稀缺效应在现代社会体现得越来越明显呢？一是"稀缺"容易引发消费者的焦虑感，人们为了缓解焦虑更容易做出购买的行为；二是"稀缺"容易引起消费者"损失厌恶"的心理，生怕错失了稀缺的商品或服务。

在销售领域，如果一种商品在价格或者数量方面受到限制，并加上"限量版""数量有限，先到先得"等名词，那么这种商品往往能够勾起人们的购买欲。"物以稀为贵"，得不到的东西，人们才觉得它是最好的。

在爱情里面，也有同样的道理——得不到的，永远是最好的；得到了，便不懂得珍惜。所以，最佳的恋爱关系并不是有求必应，而是适度地吊胃口，偶尔让对方感到"心痒痒"。这种"八分饱"的爱情才更能长久。

生活中，很多人有过这样的经历：看书看到一半时，很难停下来，哪怕已经过了睡觉时间，仍想继续看下去。人类总是倾向于喜欢把事情做完，这是一种做事有始有终的驱动力。不信你可以拿笔画一个圆圈，在最后留下一个小小的缺口，这时候停下来再看它一眼，心里是不是有一种很想把它画完的冲动呢？

人类总是对于没有做完的事情印象深刻，总是会遗忘自己已经完成的事情。这种怪诞的现象被称作蔡加尼克效应。

20 世纪 20 年代，苏联心理学家蔡加尼克曾经做过一项有关记忆的实验：

她要求实验者做 22 件简单的事情——比如，画一幅简单的水彩画、写一首现代诗、将不同的积木分类等。完成每一件事情所需要的时间大致相同。

不过，在做这些事情的时候，只要做一半就必须停下来，剩下的一半在没有做完时就受到阻止；可以做完与不可以做完的事情是随机排列的。

实验结束之后，在实验者事先不知情的前提下，让他们回忆自己做了 22 件什么事情。结果实验者能够回忆起来的、没有做完的事情占 68%，而已经完成的事情只占 32%。

可见，没有做完的事情更容易被人们记住。这种现象被称为蔡加尼克效应。

生活中也经常会出现蔡加尼克效应。比如，我们通常会对没有完成的任务无法释怀，对得不到的人念念不忘，可谓"得不到的永远在骚动"。

初恋是人生中第一次遇到的喜欢的人，但因为种种原因，很多人未能与自己的初恋牵手走进婚姻的殿堂。不要以为这种"未曾圆满"的情感很快会被人们遗忘，其实很多人会一直将其珍藏在内心深处，而这种初恋现象就能用蔡加尼克效应来解释。

可见，无论是稀缺效应还是蔡加尼克效应，都告诉我们一个简单的相处之道，那就是适度"吊胃口"，能够让感情更加亲密，让对方更加珍惜自己。当然，这并不是感情上的"套路"，而是为了更好地维护一段来之不易的感情所必须做的。

相悦法则：
喜欢是一个"礼尚往来"的过程

　　如果你正处于热恋中，有没有想过这样一个问题：你喜欢的人到底哪里吸引了你？让你怦然心动、朝思暮想？或许你能够想出很多种答案，但不能忽略其中最重要的一点，就是他也喜欢你。这便是社会心理学中的一个重要概念——相悦法则。

　　相悦法则指的是人与人在感情上的融洽与相互喜欢，能够强化人际间的相互吸引。说得更简单一些就是，喜欢引起喜欢，你喜欢我，我也喜欢你，即情感的相悦性。

　　在情感关系中，相悦法则尤为明显。也就是说，人们往往倾向于喜欢那些喜欢自己的人。哪怕这些人不算聪明，不算漂亮，也不富有。这种相互喜欢的过程，就像是一个"礼尚往来"的过程一样。

　　为什么人际交往中经常会出现相悦法则呢？当我们发自内心地表现出喜欢对方的情感时，我们的愉悦感会通过表情、动作等非语言的方式表现出来，很容易被对方接受，使对方也会产生同样的喜欢和同样的愉悦感。

我们所表现出的喜欢会在很大程度上满足对方的自重感需求。因为我们喜欢他（她）们，表明了对他（她）们的认同与赞许，这种自重感的满足，能够带来人际关系中最有效的正面反馈。

其实，相悦法则的运用十分简单，没有任何技巧可言，只需要我们在人际交往中以真心换真心，以喜欢换喜欢——这种真心的喜欢，不仅会使他人用真情回馈我们，甚至有可能收获甜蜜的爱情。因为所有的恋爱关系，都是以相互喜欢为基础的。

很多人可能没有听过乔·吉拉德这个名字，但他在销售界却非常有名，他成功的秘诀就是让顾客喜欢他。为了赢得顾客的喜欢，乔·吉拉德经常会做一些常人无法理解甚至是吃力不讨好的事。比如，他每个月都会寄出一份问候卡片给他的每一位客户，而卡片上永远都只写这样一句话："我喜欢你。"除此之外，没有其他多余的话，也没有别的礼物。

正是这种在常人看来吃力不讨好事情，让乔·吉拉德平均每天都可以卖出 5 辆车，年收入超过 20 万美元，被吉尼斯世界纪录称为"世界上最了不起的卖车人"。

在很多人看来，"我喜欢你"只是一句普通的话，但就是这样一句简单的话，却让乔·吉拉德成为销售之王。可见，相悦法则确实在乔·吉拉德的销售行为中起到了决定性的作用。

正是因为"我喜欢你"这四个简单的字，才让乔·吉拉德的客户也喜欢他，从而才有了购买他产品的行为。所以，我们不能小看这四个字，它能够让对方知道我们的想法。而且直接写在卡上的"我喜欢你",恐怕比其他任何表达方式都更加简单、直观,易于接受吧!

无论在日常生活中还是在恋爱关系中,我们都喜欢那些喜欢我们的人。相互喜欢也能让两个人的关系更加和谐与融洽。如果对方能够给我们带来某些方面的愉悦感,就会有一种力量促使我们向对方靠近,并且向对方表露出同样的愉悦感。

人际关系中的基础法则是投桃报李,而恋爱关系的基础法则是两情相悦。

我们每个人都喜欢那些喜欢我们的人,同样的,当我们真诚地喜欢别人时,别人也会喜欢我们。这种"喜欢"甚至不需要过多的语言表达。因为我们的真诚会自然流露出来,别人也能够轻易地察觉到,然后给予同样的回应。

里德定理：
再感人的偶像剧反复观看终会索然无味

美国花旗银行是世界领先的金融机构之一，该公司提出了"环境影响经营"的重要理论。花旗银行总裁约翰·里德曾经指出："如果有谁认为今天存在的一切将永远真实存在，那么他就输了。"这句话表明，在不断变化的环境中，今天的一切都不会永远真实存在，而这就是里德定律。

如果企业家无法洞察到变化，那么他就将面临失败，而企业也会陷入墨菲定律中，越来越艰难。所以，企业家准确地认识到企业环境的变化对于经营的影响是非常重要的。

里德定律告诉我们一个最简单的道理，那就是"如果一个人认为自己拥有的一切都是不变的，那他肯定会失败"。

很多人希望自己和恋人的关系可以经久不变，可以永远保持幸福甜蜜的状态。如果这是一种期望，可能得到的只是失望；如果这是一种执念，甚至认为恋爱关系就应该如此，那么得到的就会是失败。这个世界上唯一不变的，就是永远处于不断变化中。

爱情也是如此，不断发生着变化——从相识、相知到相爱，从心动、心痛到心伤，从执子之手到形同陌路，从白头偕老到分道扬镳……爱情总是在发生变化，有时候变得好甜，有时候又变得好苦。这些变化让人欢喜让人忧，但又是符合世界的运转规律的。

如果我们希望自己的恋爱可以时刻保持在最美好的状态，显然是不现实的。毕竟再感人的偶像剧，反复观看也会索然无味，爱情不也是如此吗？

世界在不断变化，时代在不断更迭。我们如果无法顺应外界的各种变化做出改变，早晚会被淘汰出局。

我们无法用陈旧的思维去判断未来，也无法以稳定的当下来判断变化，否则，我们就会时时扑空。只有"当变则变"的人，才能应对时代的各种变化，才能从新时代中脱颖而出，因为他们懂得顺应变化，进而做出明智的选择。

两只小蚂蚁想要翻越面前的一堵墙，寻找墙那边的食物。这堵墙有 20 米长、100 米高。其中一只小蚂蚁来到墙角下，没有任何思考，迈开腿就要往上爬。可是，每当它爬到一半时，它就会因为体力不支而掉落下来，一次又一次……它没有因为这一次次的失败而产生过放弃的念头，但也从来没有想过做出改变。相反，它相信只要自己能够坚持下去，就能翻越这堵墙。于是，它跌落，爬起，跌落，爬起……

而另一只小蚂蚁来到墙角下，却没有急于行动，而是认真地环顾四周，分析这堵墙的情况。最后，它决定绕过这堵墙去到墙的另一边。它这样做了，很快就成功了。当它开始享受墙那边的美食时，那一只小蚂蚁还在努力爬那堵墙，没有任何想要改变的迹象。

坚持是一种美好的品质，但是在有些时候，一味的坚持并不见得就是好事。有些人不顾方向对错，只知道埋头苦干，直到前方再无去路，才知道自己前进的方向不对，甚至南辕北辙。更可悲的是，此时回头也找不到正确的路了。

在不断变化的世界里，我们不能盲目前行，一条道走到黑，否则前进和后退没有区别。所以，我们要找准前进的方向，更要学会顺应变化。

哲学家叔本华有一句名言："事物本身并不影响人，人们只受对事物看法的影响！"我们无法改变环境，但是我们能够改变自己的想法；我们不能改变自己的容貌，但是我们可以展露微笑；我们无法让爱情始终处于甜蜜状态，但我们可以在争吵、怀疑、相互伤害的时候控制自己的言行……当我们拥有一颗顺应万变的强大内心时，我们就能从容应对墨菲定律带来的任何变化了。

墨菲
定律

第九章

掌握技巧，
方法不对则努力白费

　　每个人都拥有自己的优势与劣势。在竞争中，我们应该把精力放在如何发挥自己的优势上面，而不是一味地弥补自己的短板。如果不懂得避开自己的劣势，不懂得发挥自己的优势，就等于拿自己的短处与别人的长处对比，这样的做法如同以卵击石……

贝尔纳效应：
化繁为简，专心做一件事

丹尼尔·戈尔曼说："专注，它是驱使人们更加优秀的内在动力。"一个人能否成长为顶尖的人才，背后的因素有很多，包括主观的与客观的，但专注力是突破自我、走向成功的必备因素。没有谁能在有限的时间里做无限的事情，也没有谁能在各方面都取得成功。哪怕你的智力超群、情商极高，也无法成为一个全才。

英国有一位科学天才名叫贝尔纳，他拥有超强的思考力、想象力和洞察力。他曾因为饭局上的一句话提出了一个研究课题。他所涉猎的学科极其广泛，包括结晶学、分子生物学等；研究的内容包括氨基酸、维生素、液体的结构、陨星上的生命、大陆漂移等。

他的同事和学生一致认为，从天赋上来说，他可以不止一次获得诺贝奖，可现实的情况却是，他获得过的最高荣誉不过是英国皇家学会勋章和国外院士之职。为什么呢？

原来，贝尔纳喜欢"放一枪换一个地方"，从来不会专注于研究一个课题。也就是说，他挖了许多"坑"，却被别人"填"上了——全世界有许许多多的思想的提出应归功于贝尔纳，不过最后都以别人的名字得以确定。

后来，人们将这种个体兴趣过于广泛，思维过于发散，无法进行精细、深入的创造的现象称为贝尔纳效应。这个效应告诉我们，专注做一件事情更容易获得成就。然而，现实的情况是，很多非常聪明的年轻人，他们的脑海中有太多想法、兴趣和欲望，却唯独没有专注力。

哈佛历史上最年轻的华人终身教授尹希，在接受美国《世界日报》采访时说："现在的家长过多地强调后天努力，可人能用在努力上的时间毕竟有限，所以我认为最重要的就是做事专注和选择有兴趣的方向。我从小就对科学感兴趣，便沿着这个方向努力学习，直到兴趣变成我的事业。"

在求学之路上，尹希总是"先人一步"，他 12 岁参加高考，13 岁进入中国科学技术大学少年班学习，17 岁来到美国哈佛大学攻读博士学位……他专注于学习，朝着自己感兴趣的方向快速前进，直到成为哈佛终身教授。

现在，尹希一学期只教一门博士生课，剩余的时间都用在自己的科研工作上。他很珍惜哈佛大学提供的与世界顶尖物理学家交流的机会，这一体制可以让他更加专注于自己的科研事业。他打算用几年甚至数十年的时间，专心做自己的科研工作，希望能有所突破。可见，尹希非常重视做事的专注力，而正因为做事的专注，尹希也获得了属于他的成功。

如果在太阳下用放大镜对准一张白纸，只需要短短的几秒钟时间，白纸就会燃烧起来。这是人人都知道的聚焦现象。

在现实生活中，想要做好一件事情，同样需要持续性的专注力。学习是如此，工作也是如此。专注就是聚焦光线的凸透镜，是学习中最具凝聚力和整合力的品质，也是提高学习效率和工作效率的最好方法。

有时，我们面对的问题较大、较多，我们感到无从下手，脑海中有千思万绪，却找不到最后的解决方案，这时应该怎么办呢？

当我们的能力不足以解决一些难题时，我们就要学会运用"分解思维"，以大化小、将难化易、化繁为简，专注于解决一个问题。

哈佛心理学硕士泰勒·本-沙哈尔说过："人们总是希望在短时间内做更多的事情，却不知道数量也会影响质量；人们也喜欢将简单的事物复杂化，让自己困于自己所设置的陷阱中，从而矛盾彷徨。其实，人应该尽量将生活简单化，从事少而精的活动，这样才更能获得成功。"

日本著名企业家稻盛和夫也曾说过："很多人都存在一种思维倾向，就是把事情考虑得太过复杂。可为了靠近事物的本质，我们必须学会将复杂的现象简单化。当事情变得越来越简单时，我们就离事物的本质越来越近了。"

手表效应：
明确目标与标准的唯一性

很多人对手表效应并不陌生：如果给你一块手表，你便可以准确地判断现在的时间是几点；如果同时给你两块手表，而它们所显示的时间不一样，那么你就无法准确地判断哪一块手表上显示的时间是正确的了，这样你就不会相信手表上的时间了。

手表效应告诉我们，明确目标与标准的唯一性有多么重要！目标太多只会分散我们的时间和精力，让我们晕头转向，无法在关键的时刻做出正确的抉择。所以我们一定不能贪多，要有一个清晰而明确的目标。

清晰的目标有多重要？国外有这样一句谚语："对于盲目的船来说，所有的风向都是逆风。"拥有了清晰的目标，我们做事才有方向，才知道人生应该朝着什么方向前进。如果一个人没有清晰的目标，那么就只能像失去罗盘的船只那样，迷失在茫茫的大海之中。

有一年，哈佛大学送走了一批特殊毕业生。他们的智力相当，学历和教育背景相差无几。在走出校门之前，哈佛大学对他们进行了一次关于人生目标的调查，结果显示：27%的毕业生没有目标；60%的毕业生拥有模糊的目标；10%的毕业生有清晰但短期的目标；只有3%的毕业生拥有清晰且长远的目标。

25年之后，哈佛大学再次对这批毕业生进行跟踪调查，结果显示：那3%拥有清晰且长远目标的毕业生，在25年间朝着目标不懈努力，几乎都站在了社会的顶层，其中不乏行业精英和政坛领袖；那10%拥有清晰但短期目标的毕业生，大多成为各行各业的专业人才，站在社会的中上层；那60%拥有模糊目标的毕业生，大多只拥有了安稳的工作与生活，并没有什么突出的成就，并处在社会的中下层；而那27%没有目标的毕业生，生活中始终没有找到目标，过得很不如意，经常怨天尤人。其实，这些毕业生之间的差别，仅仅是25年前走出哈佛校门时，带着清晰且长远的目标，或者没有带上任何目标。

可见，一个人是否成功，很大程度上取决于他是否拥有清晰的人生目标。换句话说，一个人拥有怎样的目标，就有可能取得什么样的成就，就可能拥有怎样的人生。如果你能够集中精力在自己的清晰目标上，能够有的放矢，那就更容易获得成功。

相反，如果你将宝贵的时间和精力分散在多个目标上，那么就容易出错，让自己陷入墨菲定律中。有一句话叫："欲多则心散，心散则志衰，志衰则思不达。"如果你的目标太多，就无法集中精力，更不可能将它们一个个都完成好。

关于清晰目标的重要性，美国作家亚历克斯·哈利的亲身经历或许能给我们一些启示。

亚历克斯·哈利曾是美国海岸警卫队的一名厨师，他从小就喜欢写作，一有时间就帮助同事们写情书送给女孩子。在哈利20岁生日那天，他给自己制订了一个清晰的目标——他要用三年的时间去完成一部长篇小说。自从有了这个清晰的目标之后，哈利就开始行动起来，每天的业余时间他都躲在自己的宿舍里拼命写作，就算朋友硬拉着他去喝酒娱乐，他也直接拒绝了。

不过，完成这一目标的时间明显超出了哈利的预期，整整过去了八年，他才终于有机会在一本杂志上发表自己的作品。可是这次发表的仅仅是一篇短小的文章，稿费也少得可怜。但哈利并没有灰心，还自信地鼓励自己："我一定能够将小说写好的，成功只是时间问题罢了。"

从美国海岸警卫队退役之后，哈利仍然没有放弃写作，由于稿费根本养不活自己，他的欠款也越来越多了。在最拮据的时候，他连买面包的钱也没有。朋友见到他的境况之后，都劝他放弃写作，赶紧找一份能养活自己的工作。不过哈利仍然拒绝了，他说："我必须不停地写作，因为我要成为一名作家！"

就这样，几年又过去了，哈利终于写出了自己的第一本书。当初预期用三年就能完成的目标，他整整用了12年。由于平时专注于写作，他的手指变形了，视力也变弱了不少，可是这些艰辛的付出都是值得的。他的小说出版后，立刻引起了巨大的轰动，仅在美国的销售量就超过了500万册。

这部小说的名字叫《根》，还被改编成了电视剧，观看的人数超过了一亿三千万人，创下了电视收视率历史最高纪录。哈利本人也因为这部小说，获得了普利策奖。

事实上，只要拥有清晰的目标，就能采取积极有效的行动，就能收获丰厚的回报。我们仔细观察一下身边的成功人士，那么做事有效率的人，就是在做事情之前就给自己制订了一个无比清晰的目标。他们知道自己需要做些什么，怎样做才能事半功倍，所以能够在最短的时间内完成自己制订的目标。

清晰的目标能够为我们指明努力的方向，这样我们才不会走弯路、瞎忙活。清晰的目标也能让我们集中精力，发挥自己的潜能。清晰的目标也有利于我们做好时间管理，当我们不断向目标努力奋进时，每一分每一秒都会过得很有意义。

瓦拉赫效应：
与其补足短板，不如经营优势

　　德国化学家、诺贝尔化学奖得主奥托·瓦拉赫上中学的时候，他的父母希望他长大后可以从事文学创作，成为一名文学家。可他好像天生就不是学习文学的一块料子，无论他怎么努力，他的创作都缺乏想象力和思想深度。老师给他的评语是："瓦拉赫学习勤奋，但思想拘泥，文学创造力极弱。"

　　后来，瓦拉赫开始学习油画，希望以后可以成为一名油画家。可他实在没有艺术细胞，对于基本的构思和色彩都理解不透。老师给出的评语是："你在绘画艺术方面毫无造就的余地。"这让瓦拉赫和父母都深感绝望，难道瓦拉赫注定一事无成吗？

　　幸好瓦拉赫的化学老师独具慧眼，发现他做事情认真而专注，这种一丝不苟的精神很适合做化学研究。于是，化学老师建议瓦拉赫专研化学。于是，在适合自己的化学领域，瓦拉赫的智慧火花瞬间被点燃，仅 22 岁就获得了博士学位。后来，瓦拉赫在化学领域深耕，最终摘得诺贝尔化学奖的桂冠。

　　可见，每个人都有自己的优势与劣势。心理学家将这种找到自己的优势之处，让自己的潜力得到充分发挥，并且取得惊人成绩的现象称为瓦拉赫效应。

富兰克林有一句名言："宝贝放错了地方便是废物。"

哈佛大学的霍华德·加德纳教授提出"多元智能理论"之后，很多人开始发现自己身上的闪光点。"多元智能理论"指出，每个人身上至少有 7 种智能，它们分别是语言智能、数理逻辑智能、音乐智能、空间智能、身体动觉智能、人际关系智能和自我认知智能。由于每个人的自身条件不同，生活和教育环境不同，所拥有的智能也不同。

"每个人都拥有自己的优势与劣势。在竞争中，我们应该把精力放在如何发挥自己的优势上面，而不是一味地弥补自己的短板。如果不懂得避开自己的劣势，不懂得发挥自己的优势，就等于拿自己的短处与别人的长处对比，这样的做法如同以卵击石……"

这是美国著名的盖洛普公司提出的"优势理论"，它明确指出：一个人能否取得成功，关键就在于是否能够避开自己的短处，并且充分发挥自己的优势。

"优势理论"告诉我们，要集中精力，努力让自己的长板更长，而不是一味地去弥补自己的短板。然而，现实生活中，很多人不知道自己的优势和长处在哪里，总认为自己不够聪明、成绩不好、能力太弱，很多地方比不过别人。如果一个人不知道自己的优势和长处在哪里，又如何能寻找一个适合自己发展的平台？如何给自己制订准确的目标呢？

在人工智能、5G、AI 等未来科技大爆发的时代，许多年轻人在上大学之前就盲目地报考那些热门专业，根本没有思考是否适合自己。其实从入学到找工作，都应该有一个准确的认识，要知道自己适合做什么，能够做什么，要在自己擅长的领域发展。

当然，一个人的价值是多方面的，除了自身的价值以外，还包括他在社会与人生中的相关价值。因此，在给自己定位之前，最好能够对自己的总体价值有一个客观而全面的把握，比如，拥有怎样的才能、技术或者经验，它们可以创造出哪些价值。

彼得·德鲁克曾经说过："多数人知道自己的优势在哪里，不过他们经常会搞错，不知道如何正确地发挥自己的优势。"

有的人之所以会成功，是因为他们清楚自己的优势是什么，且不会盲目地做一些与自己优势无关的工作。他们懂得专注于自己的优势，并且努力将优势发挥到极致。

无论做什么事情都是如此，只有专注才能将事情做好，才能走到最后。"朝三暮四"只会让我们将时间白白浪费掉，等最后明白的时候，已经晚了。当我们确定了自己的优势，就要倾尽全力，一门心思地钻进去，一旦我们专注于此，那么离成功就不远了。

高效领导力的核心和精髓其实就是让每个人得以"蓬勃发展"。如何才能做到这一点呢？当然是让优势发挥到极致。这个观点也和德鲁克先生的"管理不是控制而是释放"的论断不谋而合。

总之，天才的诞生，就是发挥自己的优势，就像瓦拉赫一样，在自己最擅长的领域创造奇迹。如果总是想要弥补短板，最后往往会被墨菲定律影响，让事情越来越糟糕。

蘑菇定律：
年轻人应该学会忍耐和坚持

　　许多刚踏入社会的职场新人往往抱着远大的梦想，希望自己能够事业有成、名利双收。可现实的情况却很糟糕，很多职场新人由于缺乏经验、能力和人脉关系而不被上级重视，空怀一身抱负，却始终挣扎在公司的最底层。

　　其实，大多数职场新人都会经历这样一段"灰暗时光"。社会心理学将这种现象称为"蘑菇定律"。我们知道，蘑菇通常生长在潮湿阴暗的环境中，刚进入职场的新人也生活在同样的环境下——被公司置于阴暗的角落，只能干些跑腿打杂的活，不被重视，并且时常受到上级或同事的批评、指责、打压，甚至要代人受过背黑锅。

　　蘑菇定律被提出来的时候，电脑行业才刚刚兴起，那些从事电脑程序研发的工作者没有得到足够的认可与重视，甚至被其他行业的人质疑、打击、笑话。于是，这些年轻的电脑程序员用蘑菇定律来激励自己——要像蘑菇一样生活！换句话来说，就是面对恶劣的生存环境，要有战胜一切困难的决心，要相信自己能够走过"灰暗时光",像蘑菇一样快速成长,出人头地,获得成功与掌声。

要知道,每棵大树曾经都是一棵小树苗,只有经历风吹雨打,经过岁月的磨砺,才能长成参天大树。如果你也是一个初入职场的"蘑菇",那么很有可能会陷入困境中。不要以为这些糟糕的事情不可能降临到你的头上,墨菲定律会让你明白,任何侥幸心理下的"不可能",只要有一点可能性,都可能会变成现实。

那么,当你初入职场之时要如何去应对呢?如果你只是自怨自艾、害怕、退缩,恐怕只能在阴暗的角落里待一辈子。相反,如果你能够奋力反击,将痛苦升华,将压力转化为动力,把自己的生命能量转移到更有创造性的地方去,那么必然会创造出一片大好天地。

虽然蘑菇定律会给职场新人带来痛苦和压力,但同时也能激发他们的潜能,让他们不断成长,不断提升他们的能力与心理高度,最终成为职场精英。

很多人喜欢《哈利·波特》系列电影,但对于原著及作者罗琳却并不熟知。在大学毕业后的几年里,罗琳经历了一次又一次的失败。她不仅结束了自己短暂的婚姻,还失业在家,变成了一个穷困潦倒的女人。不过,这些失败并没有将她打倒。

在那段"灰暗时光"中,罗琳又站了起来。她开始将自己的所有精力都用在小说创作中,结果一举成名,成了世界顶级畅销书作家。

有一次,罗琳去哈佛大学做演讲,她告诉台下的哈佛学生:

"你们肯定没有经历我之前那样的失败，如果你们不幸失败了，请记得像我一样重新站起来，只要信念还是坚韧的，就有机会将失败变为成功。因为你们都还很年轻，还没有真正踏入社会，也没经历过什么失败，甚至在你们眼中的失败，在普通人看来已经算是成功了。但我想告诉你们的是，失败会有一些意想不到的好处，只要你能够从失败中站起来，就还有反攻的机会。"

在现实的世界里，每个人都会经历一段又一段的"灰暗时光"，就像一天中有白天也有黑夜一样。我们不可能永远一帆风顺，但也不可能永远黯淡无光。

那些没有摧毁我们的东西，终将使我们变得更加强壮，终将成为我们身上的闪光点。这是人在适度的压力之下会表现得更好的原因——人的潜能是无限的，面对的困难越大，越能把潜能激发出来。

如果你是一位职场新人，并且正在当"蘑菇"，那么一定要学会忍耐和坚持，在坚持中成长，在成长中不断超越自我，只有这样才能在机会来临时充分展示自我，获得晋升。否则，只会成为他人眼中的"底层工作者"。

二八定律：
把时间和精力投到关键要素上

现代人大多处于"两眼一睁，忙到熄灯"的状态中，虽然每天会耗费大量时间去工作、学习，但是最后得到的回报却微乎其微，这是为什么呢？究其原因，还是不懂得时间管理，没有明确的目标，不懂得把时间和精力投入在关键要素上。这样的学习和工作状态，很容易引发墨菲定律——明明一件事情可以很快做好，却因为其他事情被耽搁；明明自己制订的学习计划可以很轻松地完成，却因为其他事情的干扰而令计划泡汤。而且，随着时间的推移，这些没有做好的事情，没有完成的计划，会越积越多……如此一来，麻烦就像"滚雪球"一样越来越大。

面对这样的糟糕情况，如果能够运用二八定律来分清任务的轻重缓急，那么我们做什么事情都能游刃有余了。

什么是二八定律呢？对于学管理学的人来说，肯定不会陌生，它也是被公认的时间管理法则。19世纪末，意大利经济学家维弗雷多·帕累托首次提出了这个定律。

1897年，意大利经济学家维弗雷多·帕累托开始注意19世纪英国人的财富收益模式，在调查取样中他发现英国大部分的财富流向了少数人手中。同时，帕累托还发现了一个十分重要的现象，也就是一个族群占总人口数的百分比和他们所享有的总收入之间存在一种微妙的关系，而这种微妙的关系存在于不同的时期以及不同的国家。

后来，帕累托又进行了大量的调查，他再次指出社会上20%人的占有社会上80%的财富，也就是所说，财富在人口分配中具有不平衡的现象。同时，帕累托还发现生活中存在很多不平衡的现象，他说："这些不平衡的现象，都可以用二八定律来解释，虽然从统计学上来看，精确的80%和20%不太可能出现，不过这个定律仍然能够用来解释大多数的现象。"

二八定律不仅广泛应用于经济学、管理学领域，而且对于我们的时间管理有着十分重要的指导意义。它能够帮助我们进行正确的选择——将自己的时间和精力花费在最重要的"20%的事情上"，其余"80%不重要的事情"可以事后再去完成。

每个人都希望自己能够在有限的时间里做更多的事情，但是不要忘了二八定律的存在——做任何事情都要主次分明，有时必要的牺牲是为了最后的胜利！

生活中，二八定律也随处可见。比如，20%的人偏向于正面思考，80%的人偏向于负面思考；20%的人有自己的目标，80%的人总爱瞎想；20%的人在问题中找答案，80%的人在答案中找问题；20%的人放眼长远，80%的人在乎眼前；20%的人把握机会，80%的人错失机会；等等。

要知道，任何人的时间和精力都十分有限，想要把事情完全做好，几乎是不可能的。因此，我们要学会理性地分配时间，把80%的时间用在关键的20%的方面上，用20%的方面去带动其余80%的发展。

当我们将80%的时间投入到20%的事情上时，工作效率也得到明显提升，并且在20%的重要的事情上所获得的回报，要远远大于在80%的不重要的事情上所获得的回报。

奥卡姆剃刀原理：
始终追寻高效简洁的做事方法

如果说我们的大脑是一台信息收容机器，那么我们一直在创造或者说纵容过多的信息进入大脑，为了处理好这些信息，大脑会将它们分门别类，便于我们更好地把握。

此外，我们的大脑还会读取这些信息背后隐藏的各种"子信息"，在如此复杂多变的信息洪流冲击下，我们的大脑可能无法承受负荷，最终导致各种问题的出现。

学术界一直推崇这样的观点："知识是一个细化铺开的过程，而智慧是一个简化浓缩的过程。"同样一件事情，有些人一两句话就表达清楚了，而有些人说了一大堆也说不明白。这是因为他们表达的方式不同，一种是把复杂的问题简单化了，一种是把简单的问题复杂化了。

在信息化时代，各种全新的理论和观点不断被提出，这时候我们就要学会化繁为简，始终追寻高效简洁的做事方法。其实，很多事物是越简单越好，这种简单化的过程可以用奥卡姆剃刀原理来解释。

奥卡姆剃刀原理是由英国奥卡姆的威廉提出的，他在自己的著作中写道："切勿浪费较多东西去做用较少的东西同样可以做好的事情。"简单来说，就是要抓住事物的本质与简单性，不要人为地把事物复杂化，那些多出来的东西不一定是好的，反而有可能给我们带来许多不必要的麻烦。关于这一点，现实中的很多例子可以说明。

国外有一家大型的香皂生产企业接到客户的投诉，称他们买来的香皂盒有一些是空的。这家香皂生产企业为了防止再次出现类似的事件，专门开会研讨解决方案，最后他们请来了一位高级工程师，并花重金购买了一台 X 光监视器去透视每一台出货的香皂盒。后来，类似的问题也被另一家香皂生产作坊遇到了，可是他们想出了一个更加简单的方法，就是利用一台电风扇去吹每一个香皂盒，那些被吹走的便是没有放香皂的空盒。

在高速发展的现代社会，我们提倡把复杂的事情简单化，提倡利用最简单的方法去处理各种复杂的工作。

有一次，几位好学的青年学生跑来问爱因斯坦："请问爱因斯坦先生，什么是相对论？"

这个问题明显很有难度，因为想要将抽象的相对论解释清楚并不容易，但爱因斯坦却回答说："这很简单啊！你在一位美丽的女孩身边坐了两个小时，感觉只过了五分钟；你在熊熊燃烧的火炉旁边坐了五分钟，却感觉过了一个小时。这就是相对论！"

爱因斯坦的回答浅显易懂，却讲述了最抽象、最深刻的科学道理：世界上任何事物都是相对的，一个人心情愉悦时会觉得时光如梭，而当一个人处于煎熬中时会觉得时间过得很慢。

在大多数时候，人们一遇到问题就会往复杂的地方思考，并且因此陷入墨菲定律中，让问题越想越糟糕。可事实上，将复杂的问题简单化来处理才是高明的处事智慧。

第十章

创业不易，
认清自我和现实很重要

职业发展就像穿衣服一样，而找第一份工作就像系第一颗扣子一样，尤为重要。如果第一颗扣子系错了，那么接下来的所有扣子都将系错。同样的道理，如果第一份工作选错了，那么未来的职业道路也必将一直错下去。

路径依赖法则：
第一份工作决定人生方向

　　1927 年，世界上第一家便利店诞生于美国，它的开创者为美国南方公司。1946 年，美国南方公司将其更名为"7-11"，意思是这家店的营业时间是从早上 7 点到晚上 11 点。1974 年，伊藤洋华堂将其引入日本，并且将营业时间变为 24 小时全天候营业。

　　从那之后，这种 24 小时营业的便利店风靡全球。按理说，这种全天无休的便利店比普通的超市会多出更多开支，比如，夜间服务人员的工资、存货管理员的加班费，甚至连照明也是额外的开支，其盈利率肯定比不过普通的超市，但这种便利店为何能屹立不倒呢？

　　这与心理学中的路径依赖法则有关，人类社会中，技术演进或制度变迁均与物理学中的惯性相似——只要进入某一路径，就可能对这种路径产生依赖。

　　其实，人类社会与物理世界一样，都存在着自我强化与报酬递增的机制，只要人们做出了某种选择，就像走上了一条"不归之路"一样，惯性的力量会不断强化这种选择。比如，在其他商店歇业时间，24小时营业的便利店成了夜间活动的顾客的唯一选择，而这些顾客一旦选择了最符合自己要求的商店，通常很少会更换。

关于人们习惯的所有理论，都可以用路径依赖法则来解释。我们每个人都有自己的基本思维模式，这种思维模式早在童年时期就被建立了。换句话来说，童年时的选择在一定程度上会影响我们以后的人生之路。职业生涯也是如此，第一份工作将决定我们的职业方向。

戴尔电脑算得上是国际IT行业的一个传奇。戴尔能够取得成功有两个决定性因素：一是直接销售模式，二是市场细分模式。创始人戴尔表示，他年轻的时候就明白了这两项基础的重要性。

12岁的戴尔拿到了他人生中的"第一桶金"。为了节省开销，他选择将邮票刊登到专业刊物上卖，避免中间商从中获利。这次经历使他从中获得了2000美元的利润，也使他第一次明白直销能够带来更大的经济效益。

初中时的戴尔学会了自己组装电脑来销售。一台售价3000美元的IBM个人电脑的零部件只需要六七百美元就能买到。但由于大部分经营电脑的人并不懂电脑，所以并不能给予顾客技术支持，也就更不可能给予他们所需求的合适的电脑。戴尔从中发现了商机，他抛开中间商，自己改装电脑进行销售，并给予有针对性服务。因此便宜实惠、服务又好的戴尔电脑当然就更容易获得消费者青睐。

在现实生活中，影响一个人职业生涯的因素有很多，但其中最重要的还是"第一份工作"。甚至有些职业规划师曾说："第一份工作是成功的一半。"

职业发展就像穿衣服一样，而找第一份工作就像系第一颗扣子一样，尤为重要。如果第一颗扣子系错了，那么接下来的所有扣子都将系错。同样的道理，如果第一份工作选错了，那么未来的职业道路也必将一直错下去。

而且，从事第一份工作的时间越久，"路径依赖"的影响就越大，固定路径所带来的报酬递增和自我强化心理就越强，并且更换路径的成本也就越大。

所以，我们必须重视自己的第一份工作，不仅要考虑到自己的兴趣、能力和专业知识，更要考虑到自身的发展以及职业的未来前景。只有做好职业规划，才能按照正确的方向走下去，才能让路径依赖法则带来的自我强化起到正向的反馈作用。

当我们发现自己入错行的时候，同样要认识到路径依赖法则会带来负面反馈。虽然抛弃原有的路径需要付出一定的成本，也需要一定的勇气，但只有做出最明智的选择，坚定地转换路径，才有可能在新的职业规划中一步步走向成功。

布利斯定理：
充分计划才能降低失败概率

布利斯定理由美国行为科学家艾得·布利斯提出。他认为，用较多的时间为一件工作事前做计划，那么做这项工作所用的总时间就会减少。简单来说，就是做事之前要做计划。

布利斯定理的理论基础源于一个心理学实验：心理学家将学生分为三组，对三组学生进行不同方式的投篮技巧训练。第一组学生在20天内每天都进行投篮运动，只需要把第一天和最后一天的成绩记录下来；第二组学生不需要做任何训练，只需要记录第一天和最后一天的成绩；第三组学生记录下第一天的成绩，然后花20分钟做想象中的投篮动作——如果投篮不中，则在想象中纠正。

实验结果显示：第一组学生的进球率增加了24%；第二组学生没有任何提升；第三组学生的进球率提高了26%。心理学家得出结论，采取行动前先进行头脑"热身"，在脑海中构想出行动的每个细节，这样在行动真正开始的时候，我们才会更加得心应手。

其实，这就是做计划的重要性。如果做事没有计划，行动起来就像一盘散沙，在遇到问题时往往不知所措，从而陷入墨菲定律中。

中国有一句话叫"凡事预则立，不预则废"。它告诉我们做事情之前应该提前做好计划。

美国著名的心理学博士梅格·杰曾登上万众瞩目的 TED 演讲台，她演讲的主题为"给我 20～29 岁人生郁闷期的最系统解答"。演讲视频上传到网络上后，受到了世界各国千万网友的点击与转发，迅速走红。随后，以此次演讲为基本的实体书出版，几天之内脱销，被《纽约时报》《洛杉矶时报》誉为"最实用派"的人生规划书。

那么，梅格·杰博士在演讲中给 20～29 岁人生郁闷期的最系统解答究竟是什么呢？正是当代年轻人的现状——在被安排的人生里，总以为自己能够自然而然地长大，对于未来缺少自己的规划，浑浑噩噩到了 20 岁结尾，才发现自己碌碌无为，没有一份拿得出手的简历、没有一段刻骨铭心的爱情、没有可利用的人脉关系……

梅格·杰博士在《20 岁，光阴不再来》中写了这样一段话："20～30 岁这期间，是人生决定性的 10 年，如果你想少走弯路，步入中年后不为过去的青春时光后悔，我们就必须刻意经营，加上一些有用的咨询……"这是当代年轻人最缺少的东西——人生规划。

那么，年轻人应该如何规划好自己的人生呢？梅格·杰博士的建议是：真正认识自己的现状，摆脱一切的自我限制；勇敢走出一成不变的小圈子，通过"弱连接"将路人变成贵人；理性地看待社交网络的不真实和虚荣；接受平淡不等于接受平庸，相信自己能够厚积薄发。

生活中，很多人处于一种随遇而安的状态中，特别是那些对未来毫无规划的年轻人更是如此。他们做事没有任何计划，机会来临时也没有做好迎接的准备，于是只能眼睁睁地看着机会远去。

乔布斯曾经说过："回头看自己的人生，是把一些偶然的点连成了线。"我们现在所做的每一个选择，都将决定未来的人生方向。如果不想未来的自己为现在的自己买单，那么就要学会做好人生规划，从容应对未来可能发生的一切。

羊群效应与毛毛虫效应：
"从众"和"盲从"的临界点

很多年轻人具备创业的激情与能力，却没有创业的思想与眼光。有不少年轻的创业者喜欢跟风，看到别人在某个领域内吃到了"蛋糕"，自己也想去分一块。这种盲目从众的现象被经济学家称为羊群效应。

羊群本来是一个散乱无章的组织，平时大家挤在一起左冲右撞，毫无规则与秩序可言。但只要有一只头羊动起来，其他羊也会不假思索地跟着动起来，全然不顾前方是草地还是狼群。

羊群效应经常出现在一些竞争激烈的行业中，如果这个行业中有一只"领头羊"采取了行动，并且占据了行业的主导位置，那么整个行业的人都会跟着采取同样的行动。所以，在狂热的市场气氛下，能够真正获利的只有"领头羊"，而其余跟风的都成了牺牲者。

除了羊群效应，还有一个心理学效应同样说明了人类的盲从性，那就是毛毛虫效应。

法国科学家法布尔曾经做过一个有趣的实验：他把许多条松毛虫放在一只花盆的边缘，使其首尾相接成一个圈，然后在花盆旁边放了一些松毛虫爱吃的松叶。结果只见松毛虫围绕着花盆一圈又一圈地走，一走就是七天七夜，最后尽数死在劳累和饥饿之中。其实，只要其中一条松毛虫能够改变路线，就能吃到花盆旁边的松叶了。

社会心理学家研究发现，人的心理和行为都容易受到外界的影响，这些影响包括外界的各种信息和规则，当然也包括其他人的思想与言论。其实，这就是所谓的"从众心理"。

当我们受到外界人群的影响时，我们总会通过调节自己的认知和判断来让自己表现得更符合公众的标准。在一般情况下，多数人的意见可能是正确的，但是我们之前已经说过"真理掌握在少数人手中"，所以也会出现多数人是错误的情况。拥有"从众心理"的人，都缺乏独立思考与判断的能力，也很难分清决定的错与对，因为在他们看来，大多数人认为的"对"才是对，而大多数人认为的"错"就一定是错。

为什么人类会出现"从众心理"呢？

第一，没有目标。一个人拥有了清晰的目标，就知道如何去抉择，就不会出现犹豫不决或者盲目从众的情况。所以，做任何事情都要有一个明确的目标，不要只知道埋头做事，而不知道抬头看看自己的方向是否正确。

第二，害怕改变。人都有心理习惯性，都喜欢待在秩序中，因为习惯了原有的生活方式与行为步骤，习惯了原有的思维与观念，而有些决定就意味着改变，甚至可能打乱原有的一切秩序。

第三，缺乏自主。人或多或少都有一定的依赖心理，在需要自己做出决定时，总希望别人帮自己拿主意。但在做决策的时候，只有独立自主的人才能够当机立断，用自己的行动去克服内心的盲从。

第四，服从权威。那些真正实现创新，或者有重大发现的优秀人才，往往能够打破过去的很多成见。我们可以尊重权威并虚心向权威学习，但是绝不能迷信权威，而且应该时刻保持质疑的精神。当我们用质疑的眼光看这个世界时，会发现很多问题的存在。

有一句话："博学之，审问之，慎思之，明辨之，笃行之。"意思是说，想让自己博学多才，就要对学问详细地询问，要彻底搞明白，要慎重地思考，要明白地辨别，要切实地身体力行。这是告诫我们，做任何事情都不能盲目从众。

多米诺骨牌效应：
千万不要败在第一步

多米诺骨牌这个游戏的玩法十分简单，就是将骨制、木制或塑料制成的长方形骨牌，按一定间距排列成行，然后玩家轻轻将第一块骨牌推倒，其余的骨牌便会在第一块倒下的骨牌所带动的连锁反应中，依次倒下。

多米诺骨牌效应，是指在一个相互联系的系统中，一个很小的初始能量就有可能产生一连串的连锁反应，最后酿成不可逆转的后果。也就是说，如果忽视了一个极微小的破坏性力量，但这种破坏性的力量在相互传递时会产生巨大的惯性力，最终造成一个严重的结果。

因此，无论做什么事情，在最开始的阶段都要慎之又慎，否则很有可能因为一着不慎，而满盘皆输。这种"牵一发而动全身"的连锁反应时刻在提醒我们：千万不要败在第一步！

英国有一句谚语："少了两枚铁钉，掉了一只马掌，掉了一只马掌，丢了一匹战马，丢了一匹战马，败了一场战役，败了一场战役，失了一个国家。"这句话说的是英国查理三世正准备与里奇蒙德决一死战。查理让部下给自己的战马钉马掌，部下将这个任务交给了一名铁匠。铁匠钉好了三个马蹄，最后一个马蹄快钉好的时候，却发现少了两颗钉子。铁匠认为，这点小问题应该没事，便敷衍过去了。没想到，在战场上，查理正和对方激战时，那个马掌突然掉了。于是，查理被战马掀翻在地上，成了俘虏。

很多时候，一个看似不起眼的小错误往往会导致一系列大的错误发生。要知道，很多事物之间是有关联的，因此，任何一个无意间的小错误，都有可能引发多米诺骨牌效应。

当多米诺骨牌效应引发一个个连锁反应，最终导致局面无法控制之时，更可怕的墨菲定律就会给我们致命一击。

如果金融市场上出现多米诺骨牌效应，其后果会更加严重，甚至超乎人们的想象。比如，当年雷曼兄弟公司的倒闭，直接导致了全球金融危机的爆发，欧美一些国家甚至到现在都没有完全走出这场金融危机的阴影，可见，多米诺骨牌效应所带来的负面影响就像核聚变反应一样可怕。

股神巴菲特曾经说过："要时刻警惕多米诺骨牌效应。"早在2002年，巴菲特在给股东的信中就预言——金融衍生品交易就像一颗定时炸弹，对双方和整个经济体系来说，时间都是不确定的。而炸弹爆炸的主要原因是多米诺骨牌效应。

生活中和工作中也存在"多米诺骨牌效应"。很多事情第一次没做对，于是就会白白浪费了做事情的时间；第二次终于把事情做对了，但时间成本和机会成本太大了。而且，在很多情况下，我们并没有"第二次"机会。因此，我们应该尽量第一次就把事情做对，千万不要败在第一步上。

我们应该如何避免多米诺骨牌效应发生呢？

第一，我们应该注重细节。惠普创始人戴维·帕卡德曾经说过："小事成就大事，细节成就完美。"由于细节过于微小，所以经常会被人们忽视。不过，很多事情的成败又总是受到细节的影响。

第二，要正视所有小问题。因为如果一个小问题没有及时弥补和解决，就有可能连带出其他更大的问题。所以，我们一定不能忽略所有的小问题、小错误、小细节，一定不能败在第一步，这样才能有效防止多米诺骨牌效应的发生。

彼得原理：
将每个人都安排在合适的位置上

美国学者劳伦斯·彼得在自己的研究资料中描述过这样一个案例：杰克是一家汽修公司的学徒，他聪明好学，动手能力超强。所以，进入公司没多久，他就被聘为正式的机械师。在这个岗位上，杰克的天赋得到了最大程度的发挥。比如，在解决一些汽修难题的时候，很多老师傅都无法解决，但他却能轻而易举地解决。于是，汽修公司的老板越来越重视他，最后将他提升为领班。

在这个职位上，杰克却遇到了发展瓶颈。在他的管理之下，汽修公司一团糟，而且交车的时间时常延误，因此流失了大量的顾客。

为什么会出现这样的情况呢？原来，杰克缺乏基本的统筹能力，不知道如何管理员工，任何工作只要他参与其中，非要达到他的要求才可以。而在他亲力亲为的同时，其他员工却站在一旁无所事事。可见，杰克虽然在机械师这个岗位上大放异彩，但他却不懂得如何与客户沟通，没有任何的管理能力。

这个故事说的就是管理心理学中的彼得原理，即在各种组织中，由于习惯对在某个职位上称职的人员进行提拔，所以雇员总是趋向于被提升到不适合自己的岗位上来。

彼得原理告诉我们一个简单的道理，只有把合适的人放在合适的岗位上，才能让其发挥出最大的价值。正所谓"物尽其用，人尽其才"，好东西就应该放对位置，才能发挥其最大的能量。

现代管理学上有一句话："没有平庸的人，只有平庸的管理者。"做得好的企业都知道如何用人，都知道将人才放在合适的位置上的重要性，如此才能有效地避免人力资源的浪费。

再说一说"物尽其用"，它原意是说各种东西凡有可用之处，都要尽量利用，也就是充分利用手中的资源。举一个很简单的例子：一位卖豆腐的人说自己是世界上最幸福的人，别人问他为什么，他十分得意地说："当豆子卖不出去的时候，我就将其磨成豆浆卖；当豆浆卖不出去的时候，我就把它做成豆腐卖；假如还是无人问津，我就把豆腐晒干了，卖豆腐干……"

哈佛大学教授哈恩曼曾经说过："即使你再羸弱、再贫穷、再普通，你仍然拥有别人羡慕的优势……"所以，我们不仅要学会"人尽其才，物尽其用"，还要善于发现自身的优势，准确地给自己定位，找到适合自己的发展方向。

墨菲定律

第十一章

做好防范，
坦然应对突发状况

　　想要走出心理舒适区，我们需要拥有新的自我认知、行事规则和思考视角，不畏未来，不念过往，真正地一步步向前走——从舒适到不舒适，再从不舒适到舒适，不断突破自我圈层，改变自己的生活现状，并且获得终身成长的能力。

青蛙效应：
警惕量变引发质变

    我们中的很多人追求稳定的生活，比如，稳定的工作、稳定的收入、稳定的地位、稳定的关系，希望能一直处于"安全"的区域内，能远离困境、不安和焦灼。

    每个人都希望处于稳定的状态中，可世界上哪有一成不变的事情？我们的工作、收入、地位、关系等随时随地都可能发生变化，任何一次改变都有可能让我们的人生走向低谷，所以想要寻求永恒的稳定显然不切实际，想要通过稳定获得内心的安全感，更是自欺欺人。

    19世纪末，美国康奈尔大学做过一个著名的"温水煮青蛙"实验：一开始，青蛙在温水中没有任何危机感，仍然优哉游哉，慢慢地，温水变得滚烫，但是，青蛙已经跳不出去了，最后死在了滚烫的水中。这个实验让我们明白了危机感的重要性。

    青蛙会被煮死，是因为缺乏危机感，始终停留在自己营造的"舒适区"中。有些人只要离开自己熟悉的环境就会产生危机感，就会被恐惧、不安和焦虑"绑架"。他们出于"自我保护"机制，就会在未知面前停下脚步。当然，有些人在遇到这种情况的时候，则会爆发出潜能，快速适应新的环境，勇敢面对新的挑战。

还记得《少年派的奇幻漂流》这个电影吗？电影中那个男孩遇到一次海难，家人全部丧生，他只能依靠一条救生船在大海上漂流，可救生船上居然还有一头凶猛的孟加拉虎。少年与老虎之间发生过冲突，也有过妥协，他与老虎斗智又斗勇。在与老虎相处的227天中，少年的心中时刻保持着危机感，正因为有强烈的危机感，少年才能时刻保持警惕和斗志，并最终获救。

在稳定的环境中，人最容易出现麻木的状态，失去警觉和反抗能力。而危机感的出现，却能够激发人的潜力，让人在适应新环境、克服新挑战的过程中获得真正的成长。

所以，我们必须时刻保持警惕，小心量变引起质变，避免受到青蛙效应的影响。

当我们感到害怕、茫然、不知所措的时候，最需要做的就是为自己寻找一条出路。那么，出路在哪里呢？很多人可能会认为，出路就是"逃离出去""跳出去"，让自己处于一片新天地中，这样才算找到了出路。其实，即使站在原地，只要思维能够变通，也能够从"温水"中跳出来。

你有自己的梦想想要实现，因此必须面对各种困难，为了梦想，你只能坚持，不断努力，为自己赢得更多的可能性。可有的时候，并不是坚持就会靠近希望。

人生无常，每个人都会遇到生活、事业或感情上的各种阻碍，这时你的每一个举动、每一个选择都会影响到你的命运，甚至决定你的人生成败。因此，你是否懂得打开思路，是否懂得转变思维去解决问题，就成了成功的关键所在。

除了在思想上寻找出路，你还要学会行动起来，用现实的行动打破青蛙效应。"成功的秘诀就是要养成迅速行动的好习惯！"无论要做什么事情，唯有行动才能产生结果。

棘轮效应：
不要抵制突破现有舒适区

棘轮是一种构造特殊的齿轮，因为它只能向一个方向旋转，而无法倒转。棘轮效应最初是一个经济学名词，提出者为经济学家杜森贝利。后来，棘轮效应拓展到心理学领域，指人的消费习惯形成之后有不可逆性，即易于向上调整，而难于向下调整。尤其是在短期内，消费习惯是不可逆的，其习惯效应较大。简单来说，就是"由俭入奢易，由奢入俭难"。

棘轮效应还能够拓展到其他领域，比如，美国学者诺埃尔·蒂奇把人的知识和技能层次划分为恐慌区、学习区和舒适区。在恐慌区内，人的心理状态极差，严重不适应，甚至会因此而崩溃；在学习区内，人们因为需要面对海量的知识而感到不太适应；在舒适区内，人的心理则会处于十分舒适的状态。

可见，我们要从学习区走向舒适区十分容易，因为就棘轮效应来说，这是一个向上调整的过程；而从舒适区走向学习区，甚至走向恐慌区，却十分困难，因为这是一个向下调整的过程，且整个过程也是从心理上的"舒适"走向心理上的"恐慌"。尽管如此，我们也必须努力对抗棘轮效应，勇敢走出心理舒适区。

心理舒适区是指一个人把自己的行为限定在一定的范围内，并且对这个范围内的人和事物都非常熟悉，只要待在这个范围内，就会感到舒服、放松、稳定，有掌控感和安全感。

我们每个人都有一个属于自己的舒适区。如果长时间待在舒适区里，我们内心的不确定性感、匮乏感和脆弱感便会降到最低，并且自认为拥有足够多的爱、食物和时间等。只要人们走出自己的舒适区，就会感到不舒服、不习惯、不安全。

每个人的舒适区范围也不是固定的，而是随时在发生变化的——在自我突破时不断拓宽；在外部事件的影响下不断缩小。而人们在获得自我突破、自我成长的体验之后，舒适区的范围又会变大。

如果一个人长时间待在自己的舒适区里会怎么样呢？一个人会渐渐变得麻木，就像温水中的青蛙一样，对自身的能力、状况和环境产生错误的认知，无法识破被美化、掩盖的生活真相；不再敏感于时间的流逝，对于未来没有任何展望，安于现状并且自我满足；渐渐有了习惯性的行为模式和思维定式，越来越缺乏危机感……这些状态下更容易受墨菲定律的影响，让所有的事情倾向于变坏。

长时间待在舒适区里，人的意志也会被消磨掉，最终走向颓废。但走出舒适区又是一个漫长而痛苦的过程，就像让棘轮逆转一样，甚至需要将整个机器拆掉重新组装。这是一个自我提升与自我重塑的过程。那么，我们应该如何走出心理舒适区呢？

想要走出心理舒适区，我们需要拥有新的自我认知、行事规则和思考视角，不畏未来，不念过往，真正地一步步向前走——从舒适到不舒适，再从不舒适到舒适，不断突破自我圈层，改变自己的生活现状，并且获得终身成长的能力。

鲶鱼效应：
危机感激发无限潜能

我们对鲶鱼并不陌生，它的体型较长，嘴巴两边长了两条长长的触须。多年前，挪威的渔民出海打捞沙丁鱼，并且希望能把活着的沙丁鱼带回港口，因为活的沙丁鱼价格要比死的贵好几倍。但因为种种原因，渔民们辛辛苦苦打捞上来的沙丁鱼，总是没到港口就全部死掉了，这让渔民们很无奈。

然而，有一艘渔船总能将活着的沙丁鱼带回港口。人们十分好奇，希望能从老船长口中知道其中的秘密。但老船长守口如瓶，直到他死去，人们打开他船上的鱼槽，才知道其中的秘密。原来，老船长在鱼槽里放了一条鲶鱼，刚入槽的鲶鱼由于对环境感到陌生，会不停地四处游动，而沙丁鱼发现这个"可怕"的异类后，会紧张起来，也不停地游动。就这样，沙丁鱼便活着被送到了港口。

挪威的心理学家将这一现象称为鲶鱼效应。如果没有鲶鱼的刺激，沙丁鱼根本无法活着回到港口，这和"生于忧患，死于安乐"是同样的道理。

在安逸的环境中，人们很容易失去斗志；当威胁来临时，人们内心的潜能则能被激发出来。每个人身上都有"一头沉睡的雄狮"，这头雄狮就叫"潜能"。不过，绝大多数人身上的"雄狮"处于沉睡状态，如果能够将它唤醒，我们将获得超越自身极限的能力。

很多人不知道自己的潜能有多大，因为每次只是努力了，并没有竭尽全力。很多人遇到困难后就选择后退，在绝境中只会给自己找退路。他们没有想过，绝境中也有活路，无路可退的时候才能激发自身的潜能，才能将以前自认为不能做成功的事情做成功。

面对困难与绝境，给自己一个退缩的借口，不如给自己一个前进的理由。

在困难面前，懦弱的人习惯给自己找出各种借口——时机不够成熟，自己准备不够充分；任务太难，超出自己的能力范围；这个行业不适合自己，没必要坚持……这些借口除了让我们陷入越来越糟糕的墨菲定律之中，对我们似乎没有一点实质性的帮助。

谁都喜欢平稳安逸的生活，谁都不愿意去冒险，可是总在寻找退路的人，必定永远没有自己的活路。

其实，生活永远具有两面性，是好是坏，完全在于我们怎么看它。无论是在怎样的环境中，你都要快速融入进去，充分发挥自己的主观能动性，去创造属于自己的天地。

我们中的绝大多数人认为，顺境才是人生，可事实上，逆境才是真人生。因为当你处在顺境的时候未必时时快乐，但当你终于熬过逆境时，人生却能获得绝对的精彩。

鸵鸟效应：
主动出击，危机变契机

鸵鸟在遇到敌人时会本能地快速逃跑，但在跑了一段距离后，就会将头埋进沙子里。鸵鸟以为这样就能够逃脱敌人的攻击，却不知道这种"掩耳盗铃式"的自救方法，只会让自己失去最后的生存机会。

事实上，鸵鸟长着两条大长腿，奔跑起来，速度惊人。如果它能够在遇到敌人时努力奔跑，恐怕很少会有敌人能够追得上它。可鸵鸟偏偏选择把头埋进沙子里，自欺欺人。

鸵鸟的这种可笑的行为，常被人们用来嘲讽那些不敢面对现实、总爱自欺欺人的人。心理学家将这种逃避现实、不敢面对危机的现象称为鸵鸟效应。

我们明白，把头埋进沙子里，当作一切危机都不存在，这不是在改变自己的命运，而是将自己送上命运的审判台！所以，当我们在生活中、学习中、工作中遇到困难和挫折的时候，我们一定不要有"鸵鸟心态"，而应该勇敢向前，主动出击，将危机变契机。这样不仅能够解决危机，还能够有效预防墨菲定律的发生。

那么，我们应该如何战胜鸵鸟效应，让危机变契机呢？

第一，我们应该战胜内心的恐惧感。恐惧感源于内心的不自信，如果内心充满自信，恐惧感便会自动消失。懦弱的人在没死之前，就已经死过很多次了，而真正的勇士一生只死一次。有时候，你的内心害怕什么，就会发生什么，这便是著名的墨菲定律。

第二，要学会创造时机，而不是等待时机。我们平时关注更多的是"怎么去做"，很少会关注"何时去做"。事实上，做事的时机有时候比做事的方法更加重要。这是畅销书《全新思维》作者丹尼尔·平克的观点。

他还在《时机管理：完美时机的隐秘模式》一书中明确指出："时机决定了你我的生存状况，时机是你我能否幸福地工作和生活的关键所在。"

时机如此重要，所以人人都在等待时机。虽然做事情通常需要"谋定而后动"，可是"谋定"并不是拖延或等待。在现代飞速发展的社会中，很多好的机会转瞬即逝，如果我们不能快速地做出决定，不能恰到好处地把握时机，又如何从激烈的竞争中脱颖而出呢？

英国哲学家培根说："善于识别与把握时机是极为重要的。在一切大事业上，人在开始做事前要像千眼神那样察视时机，而在进行时要像千手神那样抓住时机。"

应激机制：
早做打算，多做打算，做最坏的打算

应激机制是人类的一种本能反应，它是指当我们意识到危险降临，或者外界情况突变时，身体本能地做出的一种反应。导致应激状态产生的因素有身体的、心理的，以及社会文化等多个方面的。

不过，任何一种刺激都不会直接导致应激状态的发生，因为在刺激与应激之间还存在着许多中介因素，比如，健康程度、心理特点、认知评价、信念等。

正是因为每个人身上的中介因素不同，才导致每个人在面对同样的危险时表现不同——有人淡定自若，从容地面对危险；有人手忙脚乱，把事情搞得一团糟。

那么，对于那些手忙脚乱，把事情搞得一团糟的人来说，要如何应对突如其来的困难呢？

最好的方法就是做好预防，早做打算，多做打算，做最坏的打算。

或许有人会说，做最坏的打算不是对自己缺乏信心吗？其实，做最坏的准备，并不是没有信心的表现，而是一种面对危难时的人生态度。

森林里住着一只云雀和一只鸥鸰。夏至的一天，阳光从树叶间洒落下来，鸥鸰躺在树枝上晒太阳，云雀却在补巢。鸥鸰觉得很好奇，便问云雀："今天的天气多好啊，阳光明媚。你不来享受这美好的时光，去做那些毫无意义的事情干什么呢？"

云雀说："我也很喜欢这温暖的阳光，也希望以后每天都是这样的好天气，可是夏季多雨，如果突然下雨了怎么办呢？所以，在晴天我也想先把我的巢穴建造得更牢固，做最坏的打算，这样才不会有后顾之忧。"鸥鸰认为云雀完全是想多了，外面天气这么好，又怎么会下雨呢。

傍晚时分，天空中突然涌来许多乌云，不一会儿便下起了暴雨。鸥鸰慌乱地回到自己的窝里，发现巢中到处都是破洞，到处都在漏雨，自己的孩子也被淋湿了。

由于雨势越来越大，鸥鸰的巢很快就被雨水冲坏了。它哭着对云雀说："我现在无家可归了！"云雀回答："谁让你不知道未雨绸缪呢？"

这个故事告诉我们，无论处于顺境还是逆境之中，都应该做到未雨绸缪，做好最坏的打算。如果总是像鸥鸰一样，只懂得享受当前的安逸而看不到事物的长远发展，只看到希望而看不到危机，最后只会在墨菲定律的影响下一败涂地。

人这一生，必然浮浮沉沉，遇到最坏的情况时，要学会忍耐。如果你只是一个普通人，并没有丰厚的家底或显赫的出身，想要独自在这个残酷的社会中立足，就要有时时刻刻面临各种困境与磨难的心理准备，并且保持忍耐的心。

在预想事情的结果时，我们既要往好的方面想，也要做出最坏的准备，如果总是把事情想得太美好，当最坏的结果出现时，人们往往难以接受，这就是所谓的希望越大，失望越大。因此，在抱着最大的希望的同时，也要做好最坏的打算。

墨菲
定律

第十二章

沟通开端，
第一印象至关重要

　　哈佛心理学教授丹尼尔·戈尔曼曾经说过："要做到尊重每一个人，就要善于发现每个人身上的闪光点。"只要我们能找到一个人的闪光点，无论他的身份和地位是怎样的，我们都要发自内心地尊重、认可和欣赏他。当我们学会尊重、认同、赞美他人的时候，他人的自重感便会得到极大的满足。

首因效应：
打破陌生，给对方留下良好的第一印象

在人际交往中，每个人都想让自己成为受欢迎的人。其实，想让自己成为受欢迎的人也很简单，首先要做的就是利用首因效应，给对方留下良好的第一印象。

著名心理学家洛钦斯说："当我们和陌生人第一次会面时，45秒钟内就会产生第一印象，这种最初的印象会对他人的社会知觉产生十分重大的影响，并且在对方的头脑中占据着主导地位。"

洛钦斯的观点主要反映了人际交往中主体信息出现的次序对于印象形成所产生的影响，也就是我们常说的"第一印象"。

关于第一印象的重要性，心理学家洛钦斯做过一个著名的实验：他虚构了一个叫"詹姆"的学生，然后杜撰了两段关于詹姆的故事。这两段故事描写了詹姆的生活片段，从中可以看到詹姆两种截然不同的性格，其中一种性格是开朗外向，而另一种性格是冷漠内向。洛钦斯将这两段故事进行了不同的排列组合，然后拿给中学生阅读。

两段故事的重新组合方式有四种：第一种是将詹姆开朗外向

的性格描述放在最前面，把冷漠内向的性格描述放在后面；第二种是将詹姆冷漠内向的性格描述放在最前面，把开朗外向的性格描述放在后面；第三种是只出示描写詹姆开朗外向的性格片段；第四种是只出示描写詹姆冷漠内向的性格片段。

最后，洛钦斯将这四种重新组合的故事片段拿给不同的中学生看，并且让他们对詹姆的性格进行评价。对第一种组合的故事进行阅读后，有78%的中学生认为詹姆是一个开朗外向的人；对第二种组合的故事进行阅读后，有18%的中学生认为詹姆是一个开朗外向的人；对第三种组合的故事进行阅读后，有95%的中学生认为詹姆是一个开朗外向的人；对第四种组合的故事进行阅读后，仅有3%的中学生认为詹姆是一个开朗外向的人。

这次实验的结果充分证明了"第一印象"对于认知的影响。所以，想要成为一个受欢迎的人，我们必须学会利用首因效应，给别人留下良好的第一印象。如果没有给对方留下良好的第一印象，而是把不好的印象留在了别人的记忆中，那么日后双方的交流和相处必然会出现种种问题。

无论是成功者还是普通人，很多时候会根据形象来判断别人。现代社会，人人都很忙碌，人与人见面的时间是十分有限的，许多事情只能凭借初次见面时的短暂感觉来判断。因此，我们必须争取在第一次接触时，就给别人留下美好而深刻的印象。

而且，我们的服饰、发型、手势、声调和语言等都会影响着他人对我们的判断。因此，想要取得成功，不仅要把外表装饰得体面一些，更应该懂得如何借助外表来展现自己不俗的内涵。

卡耐基在自己的著作《如何赢得朋友》中写到，想要给人留下美好的印象，可以从以下几条途径入手：真诚地对别人感兴趣；微笑；多提别人的名字；做一个耐心的倾听者，鼓励别人谈他们自己；谈符合别人兴趣的话题；以真诚的方式让别人感到他们很重要。

近因效应：
决定熟人关系发展方向的最后印象

日常生活中，时常会出现这样一种情况：一个十恶不赦的人幡然悔悟，做了几件好事，人们往往会很感动，认为他可以成为一个"好人"；而真正的好人因为一时糊涂而做了错事，人们则会对他口诛笔伐，甚至永远无法原谅他。其实，人们会出现这样的反应，是由于受到近因效应的影响。

所谓近因效应，就是当多种刺激接连出现的时候，印象的形成主要取决于最后一次的刺激。换句话来说，在人际交往中，我们对他人的"最近认识"占据主导位置，甚至会掩盖以往形成的对他人的评价。因此，近因效应又被称为新颖效应。

在人与人交往的初期，彼此了解不多，主导我们对他人做评价的是首因效应；而在交往一段时间之后，彼此之间已经相当熟悉了，主导我们对他人做评价的是近因效应。也就是说，首因效应通常在陌生人之间产生重要的作用，而近因效应通常在熟悉的人之间产生重要的作用。

我们在对熟悉的人进行评价时，主要依照最近、最新发生的事情所产生的印象。这种最近、最新的印象，也是最为强烈的，甚至能够推翻对方在自己心里的所有印象。当然，这样一来，我们便无法客观、公正、全面地对一个人或者一个事物做出评价了。

人都是健忘的——当你和朋友已经变得十分熟悉之后，你甚至记不清楚第一次见面的场景，也想不起这些年相处中对方的好，因为不管是好是坏，你只在意最近一次见面的印象。正因为如此，很多好朋友常因为最近说的一句话就伤了彼此的和气。

而且，对于熟悉的人来说，你已经习惯了他的行为方式，只要他出现一点"行为异常"，就会给你留下深刻的印象。比如，你们一直友好相处，但有一天他突然说了一句很伤人的话，你就会反应强烈，甚至改变对他的看法，认为他对你并没有那么好。由此可见，近因效应对于人际交往的影响力很大。

我们应该明白，在人际交往中，没有人能够保证自己可以做到十全十美，所以对他人的评价不能完全依赖于近因效应，而应该结合以往的种种印象，认真分析后再做出结论，千万不要因为对方最近的一些不好的表现，而对他做出非理性的评价。

自重感效应：
高价值展示让你备受瞩目

心理学之父弗洛伊德曾经说过一句话："人一生最大的需求只有两个，一个是性需求，一个是被当成重要人物看待的自重感需求。"这便是自重感效应的源头。

什么是自重感呢？就是觉得自己很重要。进一步来说，就是一种接受自己并喜欢自己的感觉，是一种对自己的认可与热爱。从某些方面来看，自重感与"自我实现需求"有很多相似之处。

1954年，马斯洛在《动机与人格》一书中提出了"需求层次理论"：人有五种最基本的需求，从低到高分别是生理需求、安全需求、情感需求、尊重需求和自我实现需求。当一个人较低的需求被满足之后，就出现了更高层次的需求。

自从马斯洛提出"需求层次理论"之后，人们对于"需求"的理解和认识就变得越来越深刻了。从最底层的生理需求和安全需求，到最高层的自我实现需求，我们不仅更加了解自己的内心所需，也更加了解他人需要什么样的满足。

所谓自我实现需求，就是为了实现个人的理想、抱负，最大程度地发挥个人的能力。这些都是产生自重感的基础。

美国实用主义哲学家杜威曾说："自重的欲望，是人们天性中最急切的要求。"这一理论被著名的成功学大师戴尔·卡耐基发扬光大，后来变成了"卡耐基人际沟通学"的一个重要理论基础。自重感效应从此更加受到人们的重视，它告诉我们：高价值展示让你备受瞩目！

20世纪40年代，美国警察总监马罗尼发现了一个奇特的现象：那些年轻的重犯在被处决之前，最想做的事情并不是寻找律师为自己的罪行辩护，而是想阅读那些把他们写成"英雄"的街头小报。当他们看到自己的照片与爱因斯坦、托斯加尼或者罗斯福等名人占据了同样的篇幅时，他们会沾沾自喜，甚至忘记将被处决的事情。

每个人都希望得到他人的认可，这也是所有人的共同需求。这种需求就是自重感。人们总是极度重视他人对自己的看法，所以在沟通过程中，如果能够满足他人的自重感需求，让他人觉得自己是重要的、被认同的、被尊重与被赞赏的，那么他们马上会对我们产生好感，从而让沟通更加顺利，也让他们更容易接受我们的观点。

而且，当他人的自重感得到极大的满足之后，他人也会反过来认同我们。

尊重他人是一种高尚的道德，也是高素质人才必备的素养。当我们与他人的意见不一致时，我们可以坚持自己的想法，但是必须学会尊重他人。每个人都有自己的意愿，所以我们不能把自己的意愿和想法强加在别人身上。

面对比自己优秀的人，我们不能失去自己的尊严，可以学习、借鉴别人的经验，却不能成为别人的"影子"；面对不够优秀的人，我们也不能过于骄傲，要看到他人身上的闪光点，然后进行平等的交流。

每个人都希望得到别人的赞美，情商高的人会抓住人的这种心理，利用赞美来拉近彼此间的关系。你赞美别人，你有可能也会得到同样的赞美，这是心理学上的互悦机制。

哈佛心理学教授丹尼尔·戈尔曼曾经说过："要做到尊重每一个人，就要善于发现每个人身上的闪光点。"只要我们能找到一个人的闪光点，无论他的身份和地位是怎样的，我们都要发自内心地尊重、认可和欣赏他。当我们学会尊重、认同、赞美他人的时候，他人的自重感便会得到极大的满足。

登门槛效应：
不要急于求成，慢慢走进对方内心

销售界有一个著名的登门槛效应，它讲述了这样一个情境：推销员 A 敲开了顾客的家门，直接拿出产品说："先生，您好！请问您需要……"他的话还没有说完，顾客就说："我不需要。"然后"啪"的一声把门关上了。推销员 B 同样上门推销产品，不过他并没有直接将产品展示在顾客面前，而是让顾客先看看产品的宣传单，对顾客讲解产品的优点，然后让顾客在宣传单上签字表示支持，并且承诺给顾客一些好处，最后才向顾客展示产品。推销员 B 这样慢慢增加熟悉感，一步步走进对方内心的推销方法，使得销售成功的概率大很多。

我们经常会看到商场门口发宣传单的人，尽管他们对行人说破了嘴皮，也很难让行人停下匆忙的脚步。如何才能让行人停下来呢？最好的解决方法就是利用登门槛效应，循序渐进地提出自己的要求，先小后大，先曲后直。

美国社会心理学家弗里德曼做过一个关于"登门槛效应"的心理实验：起初，他让一位大学生带着一份关于安全驾驶的请愿书来拜访一些家庭主妇，并请她们签上自己的名字，最后所有的受访者都签了名字。

几周后，弗里德曼又让另一位大学生加入了拜访两组人的行动中去。一组是之前没有接触过的，另一组是之前拜访过的家庭主妇。这次是为了让她们在自家后院竖立一个巨大且丑陋的交通安全警告牌。

结果与弗里德曼预想的一样：前一组有17%的人同意了请求，而后一组却有80%的人同意了。这种心理现象就被弗里德曼称为"登门槛效应"，也叫作"得寸进尺效应"，即在接受了别人一个小请求之上，便会倾向于接受别人提出的更高的其他要求。

登门槛效应在生活中十分常见，也被很多心理学家证实。比如，一位男孩遇到了自己心仪的女孩，假如他立刻对女孩说"我们结婚吧"，恐怕女孩只会被吓到，甚至认为男孩脑子有问题。正常情况下，男孩不会如此鲁莽，他会先想办法请女孩吃饭、逛街、看电影等。在这些要求实现之后，才会进一步确定两人的关系，比如成为恋人，一起生活，直到最后才会顺理成章地提出结婚的要求。

再比如，加拿大心理学家曾经号召多伦多居民为癌症学会捐款，结果发现，假如向人们直接提出这个要求，则只有46%的人愿意捐款。但是如果分两天进行，第一天先发给人们这次活动的纪念章，并请求人们佩戴，第二天提出捐款的请求，结果同意捐款的人数翻了一番。为什么会出现这样的情况呢？

因为每个人都希望给别人留下前后一致的好印象，所以，在接受了他人的第一个小请求之后，再面对他人的第二个请求时，就比较难拒绝了。假如他人的请求不算太过分的话，我们的内心往往会有一种"反正都已经帮了，再帮一次也没什么"的想法。登门槛效应就是这样发生作用的。

如果要把登门槛效应说得更简单生动一些，那就是"随风潜入夜，润物细无声"那样的循序渐进，如此一点点增加熟悉度，一步步走进对方的内心，更容易获得人际交往的成功。

曼狄诺定律：
自然流露的微笑胜过所有场面话

当人们遇到困难、挫折或心情不好的时候，最想看到的就是微笑，最想得到的是关心。微笑就像春风，拂过大地的时候，万物复苏。在人际沟通中，微笑，看似轻柔，实则力量巨大。世界上最美的行为语言就是微笑，虽然无声，却最能打动人心。

曼狄诺定律讲的就是一个关于"微笑效应"的理论。人们应该保持微笑，更重要的是真心的微笑，因为微笑具有巨大的魔力。如今，许多国外知名企业要求管理人员学习微笑，在工作中以微笑待人；国内的企业也是如此，把"微笑礼仪"当成员工的必修课；还有一些党政机关和事业单位，提出了"微笑服务"的要求，以微笑树立良好形象与工作作风，提升服务质量。

有人可能会质疑微笑的作用，但现实的情况是，微笑的作用超过人们的想象。

美国著名的企业家吉姆·丹尼尔凭借一张"微笑脸"，让濒临破产的企业迎来了转机。原来，丹尼尔将一张"微笑脸"当作公司的标志。公司的厂徽、信封、信笺上都印有一张"微笑脸"。

不仅如此，吉姆·丹尼尔本人也是微笑的代言人——他总是面带微笑出入公司各部门。结果，公司里的所有员工都被他的微笑感染了。这时，公司没有增加任何投资，但生产率却直线提升80%。公司的形象和信誉因此得到提升，客户一天比一天多。

曼狄诺定律的真正意义是，微笑让领导与员工之间沟通顺畅，微笑让员工与员工之间相处融洽，微笑最终让企业获得了丰厚的利润。

不过在现实生活中，有很多人对曼狄诺定律存在一些误解。有一些管理学家认为，领导应该保持严肃，这样才能树立威严，才能更好地管理员工。而时常微笑，就会失去威严。其实，领导需要严肃，但也需要微笑。

真正的威严不是靠严肃的表情来支撑的，而是以德服人，哪怕面带微笑，仍可以做到不容置疑。真正的服从，应该是发自内心的认同，而不是出于惧怕而服从。如果领导总是以严肃的表情对员工发号施令，只会让员工惧怕领导，疏远领导，更不愿意和领导沟通。这样对于任务的下达和工作的实施，都是有害无益的。

从社会角色上来说，领导更应该保持微笑，因为微笑表达的是认同、肯定、赞许、宽容、理解、关爱等正面反馈。如果领导能够在员工面前时常微笑，那么员工的内心就会获得更加强烈的自重感和认同感，并且能够与上级进行高质量的沟通。

有人可能会说，我也知道微笑很重要，但我不会微笑怎么办？其实，微笑是很简单的事情。我们可以对着镜子里的自己微笑，也可以对着身边的人微笑，甚至可以对陌生人微笑。但请记住一点，那就是微笑应该是发自内心的真诚的微笑。

微笑很简单，也很困难，简单是因为微笑时只需动用 13 块面部肌肉；困难是因为微笑必须发自内心，是一种真诚的表达。所以，学会微笑是我们每个人的"必修课"。当我们真正懂得了曼狄诺定律的内涵时，就会发现自然流露的微笑胜过所有场面话。

古德曼定律:
适当沉默,反而提升沟通效果

中国人讲究"沉默是金",意思是说,有时候,沉默对于一个人来说,比金子更贵重。在某些场合,学会沉默比滔滔不绝地诉说更为重要,也更能彰显出智慧。

美国心理学教授古德曼曾经说过:"沉默可以调节说话和听讲的节奏。沉默在谈话中的作用,就相当于'0'在数学中的作用。尽管是'0',却很关键。没有沉默,一切交流都无法进行。"这便是著名的古德曼定律,也叫沉默定律。

在某些特定的情况下,沉默比声嘶力竭的争辩更有说服力,也更令人信服。沉默既是一种无声的语言,也是一门沟通的绝妙艺术。如果运用得当,往往会起到"此时无声胜有声"的效果。

那些懂得沉默的人,能够在沟通中以静制动,适时进退,将主动权牢牢握在手中;懂得沉默的人,能够掌握谈话的分寸与节奏,善于用沉默来隐藏自己的真实想法,让自己显得高深莫测、独具内涵,从而让对方不敢小觑。

有的人可能会觉得古德曼定律难以理解:如果所有人都保持

沉默，那沟通要如何进行呢？显然，这是对古德曼定律的曲解。其实，该定律只是强调沉默的重要性，让我们学会适当沉默，而没有说要一直沉默下去。

为了进一步说明自己的理论，古德曼教授还列举过这样一个事例：每次当大臣们开始争论不休的时候，路易十四就会静静地坐在一旁不发表任何意见。等到大家的争论结束之后，他才淡淡地说一句"我会考虑的"。时间长了，"我会考虑的"这句话成了路易十四应对各种问题的经典答复。他的缄默寡言，也让大臣们猜不透他内心的真实想法，于是只能诚惶诚恐地听命于他。

就这样，通过适当地沉默，路易十四巩固了自己的地位，让法国的中央集权在他手中达到了巅峰，就连一直很讨厌他的圣西蒙公爵都夸赞他说："他创造了奇迹，他的威望也因寡言而得到了提升。"

现实生活中，很多人喜欢滔滔不绝地陈述自己的观点。当意见不一致时，更想多说几句，以此来证明自己的观点是正确的。这样很容易让沟通变成一场"辩论赛"，而不是思想上的交流。而且，当沟通变得火药味十足时，彼此的关系也容易出现裂痕。所以，我们一定要重视古德曼定律，在与人沟通时适当地保持沉默。

适当沉默会给我们带来哪些好处呢？

第一，让我们的表达更加明确。如果一味地表达自我，不知道保持沉默，那么我们的表达肯定会显得枯燥而冗长，并且很容易偏离主题。

第二，让我们更容易听明白对方的话。沉默通常和倾听联系在一起——如果没有沉默，就没办法有效倾听；如果没有倾听，就无法与他人进行正常交流。那些总是喋喋不休的人，根本没有时间和精力来倾听他人的观点。

第三，让双方更容易达成一致 。沟通的目的不是争个"你死我活"，而是让双方达成一致。在交流中保持适当沉默，可以避免出现嘈杂、紧张的沟通氛围，让问题更好地得到解决，让双方更容易达成一致。

墨菲
定律

第十三章

发现相似，
友情升华的基础

　　某个事物出现在我们面前的频率越高，就越容易获得我们
的好感。如果将多看效应延伸到人际交往中，则表明了一个容
易被人们忽略的人际交往现象，那就是彼此接近、经常可以见
面的两个人，更容易建立良好的关系。

海潮效应：
优秀的人总是互相吸引

在自然界中，海潮的出现是因为天体的引力在起作用——引力大的时候就会出现大的海潮；引力小的时候就会出现小的海潮；没有引力的话，海潮就会消失。这便是海潮效应。

人才与社会的关系也可以用海潮效应来解释：只有当社会需要人才、时代呼唤人才的时候，人才才会应运而生。而对于一个单位、一个公司来说，只有提高待遇，并且对人才进行合理配置，才能提高单位或公司对人才的吸引力。

如今的企业都坚持以待遇吸引人、以感情凝聚人、以事业激励人的原则进行人才管理。

"物以类聚，人以群分"，有时只要看看你身边的人在做什么，就知道你在做什么了。有共同爱好的人才会聚在一起，而这些人聚在一起就组成了一个"圈子"。

每个人都有属于自己的圈子，这个圈子可能是我们创业路上的事业圈，也可能是让我们备感温馨的亲友圈。无论如何，我们都在圈子内，不断被圈子里的人影响着，同时也影响着圈子里的人。可以说，一个人的眼光、心胸、思维等都会受到圈子的影响。

人们常说"众人拾柴火焰高"，很多事情一个人无法做到，可是如果让一个团队来做，那就很容易做到了。可见，团队的力量还是很大的。尤其当个人处于弱势地位，还想在残酷的竞争中站稳脚跟之时，就必须团结身边的人，联合众多力量，共同出击，以群蚁噬象的姿态去迎接挑战。

人生就是如此，如果你想变得更加聪明，就要和聪明人在一起；如果想让自己变得更加优秀，就要和优秀的人在一起。

美国有一句谚语："和傻瓜生活，整天吃吃喝喝；和智者生活，时时勤于思考。"那些善于发现别人优点的人，能够将别人的优点学习过来，进而转化为自己的长处，让自己也成为聪明的人。学最好的别人，做最好的自己，借人之智，成就自己，这便是成功之道。

如果你想像雄鹰一样翱翔于天际，就要与群鹰为伍，而不是混迹于燕雀之中；如果你想像野狼一样驰骋于大地，就要与群狼为伍，而不是整日与鹿羊同行。无论择友还是择圈，都要谨慎，要选择优质的圈子，结交优秀的人，而不是不加选择，"来者不拒"。

生活中最不幸的事情，就是身边缺乏积极进取的人，缺少有远见卓识的人。有一句话说得很好："你是谁并不重要，重要的是你想成为什么样的人，你决定和谁在一起。"

在现代社会的激烈竞争中，我们不能一味地为了拓展人脉而胡乱交朋友，而应该重视圈子的质量，学会选择圈子，与优质人才为伍。这便是海潮效应带给我们的最大启示。

名片效应：
有意识地与对方产生共鸣

在人际交往中，有一个著名的名片效应，指的是两个人刚开始交往时，如果一个人首先表明自己与对方的态度和价值观相同，就会使对方感到"他和我很相似"，从而更快地拉近两个人之间的心理距离，进而形成良好的人际关系。

名片效应在生活中十分常见。比如，想和初次见面的人进行愉快地沟通，可以先观察和揣摩对方的兴趣爱好、性格特征等，然后再进行交流。比如，我们经常在一些社交平台上发布一些文字、照片、视频来展示自己的生活方式、兴趣爱好和人生态度等，往往能够吸引很多志同道合的朋友。再比如，在推销一种产品时，我们可以先了解顾客的喜好，然后根据他的喜好与特点进行沟通，这样更容易让销售获得成功。

有意识地向对方表明自己的态度与价值观，就如同给对方递了一张关于你的"名片"一样，对方可以很快地了解你的想法与态度。

名片效应是如何起作用的呢？主要是利用了人的情感共鸣。

当我们有意识地表明自己的态度时，其实就是在寻找情感共鸣。

情感共鸣产生的基础是同理心。

同理心是指我们进入并了解他人的内心世界，并将这种了解传达给他人的一种能力，简单来说就是换位思考或共情能力。在人际交往的过程中，一个人如果能够体会他人的情绪和想法，理解他人的立场和感受，并站在他人的角度思考和处理问题，那么他就会拥有良好的人际关系，那么他的社交能力和合作能力也会得到提高。

华盛顿大学医学院的精神病学家斯坦利·格林斯潘认为，一个人感知到的共情越多，他就越善于社交，未来也会越幸福，也更容易养育出具有同理心的下一代。相反，如果一个人的同理心从小就很贫乏，那么这个人就会在与他人相处时表现为同理心的匮乏——无法理解他人的想法，无法站在他人的角度上思考问题。

同理心是强还是弱，取决于我们对于他人的想法和情感的敏感性。同理心强的人不会以自我为中心，且能更多地理解他人的想法与感受。同理心与同情相似，都建立在对别人内心状态的理解之上，但同理心又比同情更进一步——同理心要求我们站在他人的角度上思考问题，并产生同样的感受。这一点对很多人来说不容易做到。

现在，我们知道了名片效应产生作用的全过程。那么，我们应该如何应用名片效应有意识地与对方产生共鸣呢？

第一，提前了解对方。在沟通前，最好通过各种方式提前了解对方的相关信息，寻找对方能够接纳的观点，然后向对方传播他们喜欢的、熟悉的、能够接受的观点与思想。

第二，找准时机，将自身观点悄悄地渗透给对方。在与对方产生情感共鸣之后，也不要忘了悄悄地"植入"自己的观点，让对方在愉悦的沟通氛围中不知不觉地接纳我们的观点。

多看效应：
增加曝光度，提升好感度

经常网购的朋友如果总是在不同网页上看到同一件商品，就会对这件商品越来越有好感，并且购买这件商品的可能性就越大。这种感觉就像谈恋爱一样——如果有个异性总是出现在你面前，那么你们就比较容易互生情愫。这种"越看越喜欢"的现象其实就是心理学上的多看效应，又称曝光效应。

多看效应是指我们对自己熟悉的东西会有一种偏好情感。这种心理学现象是在人类进化中遗留下来的。在原始社会，人类的祖先生活在一个危机四伏的环境中，对于任何陌生的事物都必须保持极高的警惕性，而对于那些多次出现的事物则认为其危险性较低。所以，想要提升自己在对方心中的好感度，就要提高自己的曝光率。

20世纪60年代，心理学家罗伯特·扎荣茨进行了一系列心理实验，其中一个是这样的：

罗伯特·扎荣茨来到一所中学，从这所中学里挑选了一个班的学生作为实验对象。他在黑板上一个很不起眼的地方，写下了一些汉字、单词、几何图形或其他毫无意义的符号。这些汉字或符号一直保留在黑板的角落里，有的学生注意到了它们，有的学生没有注意到，老师也从来没有提起过。

不过，这些东西不断发生着变化，有的只出现过一次，有的则出现了二十五次之多。到期末的时候，扎荣茨发给每位学生一份调查问卷，问卷上列出了所有曾经出现在黑板角落里的东西，并要求每位学生对这些单词或符号的"满意度"进行评估。

最后的统计结果表明：在黑板上出现的频率越高的东西，学生们对它的满意度就越高。扎荣茨的这个实验，充分地证明了多看效应的存在。也就是说，只要多次看到不熟悉的事物，人们对该事物的评价就要高于其他没有看到过的事物。

通俗地说，多看效应会影响我们对于事物的偏好程度。如果某个事物出现在我们面前的频率越高，就越容易获得我们的好感。如果将多看效应延伸到人际交往中，则表明了一个容易被人们忽略的人际交往现象，那就是彼此接近、经常可以见面的两个人，更容易建立良好的关系。

很多人曾有过这样的经历，曾经亲密无间的朋友因为搬家、转校或出国的原因，不得不长久地分离，尽管仍然可以通过电话、视频等方式保持着联系，但多年未曾见面再见面时会感觉十分生疏，甚至感觉不如身边刚认识的朋友亲密。

当然，这并不是说友谊经不起时间的考验，而是说亲密度经不起距离的考验。通常情况下，接触越频繁，关系就越亲密；接触越少，关系就越陌生。这便是多看效应带来的影响。

这样说来，为了提升好感度，是不是出现的次数越多越好呢？答案是否定的，因为在某些情况下，多看效应也会失去效果。比如，从一开始就让人感到厌恶的事物，多看可能并不会产生好的结果。而且，讨厌的人出现的次数越多，越会让人产生厌恶感。再比如，如果两个人之间已经产生了一些冲突，或者性格上本来就不合，越常见面越容易让矛盾升级。由此可见，多看效应虽然好用，却要根据现实的情况来定。

改宗效应：
讨某人喜欢，可反其道而行之

我们时常会有这样的困惑：为什么我们挖空心思、掏心掏肺、竭尽全力地对一个人好，可对方就是无动于衷，根本不把我们当成一回事，一点也知道珍惜？

相反，别人对他爱答不理，没有多少人情味，甚至不把他放在眼里，可他却费尽心思去讨好别人。其实，当我们从心理学的角度来看待这样的现象时，会觉得一切都能够理解了。

美国社会心理学家哈罗德·西格尔发现一个有趣的心理现象——如果有人持有一个重要的观点，并且通过这个观点让一些"反对者"改变了自己的想法，认同了这个观点，那么这个人会更加喜欢那个"反对者"，而不是那些一直认同自己观点的人。

换句话说，就是大多数人喜欢那些在自己的影响下改变观点的人。这是因为人们能够从中获得一种成就感。如果我们通过与某人交谈或争论，让某人改变了观点，我们就会觉得自己是有能力的，至少在思维上更胜一筹。这种心理学现象被哈罗德·西格尔教授命名为"改宗效应"。为了进一步证明自己的观点，哈罗德·西格尔教授还专门做了这样一个有趣的实验：

他从学术界找来三位有影响力的学者，并要求他们分别向A、B、C三组不同的听者陈述他们各自的观点，并要求A组听者要完全认同他们的说法；B组听者需要在过程中全然反对；C组听者需要在学者们的陈述中首先否定，但是最终还必须被学者说服。最后再让三位学者对各个倾听者做出评价。

结果显示，三位学者都对全然反对的B组听者的印象最差，而对全然支持的A组听者的印象却并不是最好的，印象最好的是先反对后被学者说服的C组听者。

从这个实验中可以看出，人们更倾向于喜欢那些先反对自己，然后被自己说服的人，因为在这个过程中，人们会获得说服他人的成就感与自豪感。

在现实生活中，改宗效应的应用十分广泛，很多人因为不知道这个心理学效应而处处碰壁，也有很多人因为运用得当，能够游刃有余地处理工作、生活中的各种问题。

在了解了改宗效应后，当我们真心对待朋友却没有受到对方相同的对待时，我们可能就不会那么郁闷和纠结了。当然，这也告诉我们，在人际沟通中，我们既要懂得用真心对待他人，也要懂得保留，懂得拒绝和说"不"。

囚徒困境：
成为利益共同体，实现利益最大化

　　这个世界上没有永远的朋友，只有永远的利益。虽然这句话听起来很现实，也很残酷，却真实地反映了曾经的英国与其他国家之间的关系。当然，在如今，这仍是许多国家与国家之间的"相处之道"。后来，这句话又被运用在经济学、社会学等领域。

　　博弈学中有这样一个关于"共同利益"的经典案例：假设有这样一个情境——警察将两名一起作案的嫌疑犯关进了两个独立的房间进行审讯，两名嫌疑犯都不知道对方会对警察说什么。警察对两名嫌疑犯说了同样的话："如果两个人都认罪，各判五年；如果两个人都不认罪，各判一年；如果一个人认罪一个人不认罪，认罪的人无罪释放，不认罪的人判十年。"

　　面对警察这种"坦白从宽，抗拒从严"的政策，两名嫌疑犯会说什么呢？下面我们就把两个嫌疑犯分别称作囚徒 A 和囚徒 B 吧。如果两个人都不认罪，也就是合作包庇对方，那么对囚徒来说，这是最优策略，但囚徒的心理就很复杂了。

　　囚徒 A 要考虑两种情况：一是囚徒 B 不认罪，自己如果认罪，自己会被无罪释放，自己如果不认罪，一起被判一年；二是如果囚徒 B 认罪，自己不认罪就要判十年，自己认罪就只需要被判五年。所以这样一想，无论囚徒 B 认罪或者不认罪，囚徒 A 的最优策略永远都是认罪。

只要他们足够理性，两个人必然双双选择认罪。

囚徒困境是指，当人们需要从个人利益和集体利益中做出选择时，绝大多数人会选择个人利益，哪怕这样做会损害到集体利益，这是人性的弱点之一——"人不为己，天诛地灭"。但令人感到尴尬的是，当大家都从利己的角度出发的时候，结果往往是损人不利己。这便是著名的囚徒困境。

再说一个更现实的例子：有两个朋友要一起去搬砖，由于是晚上，谁也看不清谁，所以两个人都假装很卖力的样子，实际上都想偷懒少搬一点。两个人都从利己的角度去思考和做事情，最后一小车砖搬到天亮也没有搬完。两个人付出的劳力与时间明显是不划算的，但是受到囚徒困境的影响，两个人都自以为捡到了便宜。

曾经有一段时间，中国的彩电市场竞争非常激烈，各大厂家为了追求最大的利益，都像"囚徒"那样进行利己的选择——如果我将彩电的价格调低，那么将赢得巨大的市场；如果我不调低价格，而别人调低了，我自然会失去巨大的市场。所以，不管别人是否降价，对于我来说，降价是最佳的选择。当所有厂家都陷入囚徒困境后，彩电市场打起了一场"降价战"，最后所有厂家都受到了巨大的经济损失。

还有一些企业在追求利润最大化的过程中，将员工的待遇一再调低，员工为了追求更好的发展不断跳槽，这给双方都带来了亏损。

所以，我们必须明白，囚徒困境里可能会出现共同的利益，也有可能出现利益的冲突，要想让彼此获得的利益最大化，就必须采取合作的方式。彼此隐瞒或者相互欺骗，都只会让一方获得短暂的利益，而双方最终都会付出更高的代价。

互惠关系定律：
给予就会被给予，剥夺就会被剥夺

中国人一直很重视"礼尚往来"，在与人打交道时，只要你态度和气，对方也同样会以和气的态度对待你。每个人的内心深处都有一杆秤，"你敬我一尺，我敬你一丈""欠债还钱，理所当然""你犯狠，我比你更狠"。

上面这些心理在亲朋好友之间表现得更明显。比如，你结婚的时候，别人送了1000元礼金，等别人结婚时，你最少也得送1000元礼金。在心理学上，这样的行为可以用互惠关系定律来解释。

互惠关系定律也是人类社会长期存在的一种行为机制，古人早就懂得利用这种心理来获得好处。比如，在远古时期，人类发明了一种捕猎工具，起初只有少数人知道，捕获的猎物也很少。后来，人们把这种捕猎工具分享给大家，互惠互利，捕获的猎物也多了起来。

为什么互惠关系定律在人际交往中如此奏效呢？因为它利用了人们的亏欠心理。谁都不想欠他人的人情，所以当帮助过自己的人提出请求时，肯定会答应。

商场里的试吃活动，就是利用了互惠关系定律——如果你试吃了超市人员给你的东西，就有可能购买他们推荐给你的商品。卖水果的小商贩往往会准备一些水果给顾客试吃，顾客吃了之后就更有可能产生购买行为。

互惠关系定律虽然好用，但不是对于每个人、每件事都适用。比如，你喜欢一个女孩子，你在追求她的过程中，贸然送出一份贵重的礼物则会引起反作用。因为你送出的贵重礼物会让女孩子产生亏欠感，如果她接受了你的礼物，表示她愿意接受你这个人，这只会给女孩子带来巨大的心理压力。如果女孩子没有接受你的想法，那么她可能会因此远离你。

在日常生活与工作中，懂得利用互惠的心理策略，不失时机地做出让步，并且要求对方给予一定的回报，能够得到更多的利益。

一位销售员签了一大笔订单，由于客户的公司发生变动，客户打电话过来问："你们能不能提前一周发货？因为我们的开业时间提前了。"

这时，销售员心想，虽然交货时间比合同上提前一周，不过货物已经在仓库里准备好了，提前发货就意味着提前收款，并不是什么坏事。可是又想，既然客户要求提前发货，那么根据互惠原则，是不是也要他们付出一些"代价"呢？

经过再三思考，销售员对客户说："坦白地讲，我们公司安排发货，都是根据合同上的时间来定的，如果要提前发货的话，必须让公司重新安排调度，这是一件很麻烦的事情。"

客户立刻理解了销售员的意思，很客气地说："我们可以多支付 1% 的费用作为回报。"

在一个谈判场合，如果谈判双方形成了僵持的局面，只要有一方放低了自己的姿态，就等于暗示对方："我已经让步了，你也应该让一步才对吧！"这时候，对方通常会有默契地降低条件，从而达成共识，最终做到互惠互利。

除此之外，互惠关系定律还能催生出"共生思维"。

在自然界中，许多生态系统依赖于物种间的共生关系。比如，珊瑚与藻类之间、海葵与小丑鱼之间，都存在着共生关系。它们相互依存，密切地生活在一起。

人与人之间，其实也存在着共生关系。人是群居动物，只有在群体社会中才能更好地生存，一旦脱离社会群体，人的生存状态及心理状态都会出现危机。

犹太经典《塔木德》一书中有这样的一句名言："和狼生活在一起，你只能学会嗥叫，和那些优秀的人接触，你就会受到良好的影响。与一个注定成为亿万富翁的人交往，你又怎么会成为一个穷人呢？"

这个世界上没有永远的敌人只有永远的利益。当然，这里的利益不仅是指经济上的利益，更多的是指个人成长上的益处。只有把"利益"放在第一位，才能让自己获得更高的收益和更大的成长。

墨菲
定律

第十四章

允许不同，
友情长久的秘诀

在人际交往中，如果我们总是用自己的标准去衡量别人的
行为，衡量周围的事物，并把自己的感情、意志、特性投射到
这些事物上，从来没有想过站在对方的立场上思考问题，用对
方的视角看待世界，那么就会觉得别人的所作所为无法理解。

路西法效应：
是敌是友，只差一步之遥

每个人的一生中会遇到许多竞争对手，有的是我们的敌人，有的是我们的朋友。现代社会竞争激烈，我们身边的朋友也有可能变成我们的竞争者。面对这种情况，我们既要保证彼此的情谊不受到损害，又不能失去进步的机会。

朋友与对手看似相互对立，其实并不矛盾，将朋友当作竞争对手，不仅能够促进彼此间的良性竞争，还能够让彼此都获得进步。这时候，无论是朋友还是对手，都变成了我们人生中的一面镜子，时刻提醒我们要不断突破自我。

如果与朋友进行恶性竞争，我们不仅会失去友谊，也会失去自我，更加无法获得真正的成功。而在良性竞争中，即使朋友变成了对手，我们也能够在对方的闪光处看到自身的不足，同时也看到自己的"人无我有"之处。

可见，是敌是友只有一步之遥，是好是坏全在一念之间。这种现象，便是心理学上的路西法效应。

心理学家菲利普·津巴多在自己的著作《路西法效应：好

人是怎样变成恶魔的》中记录了一个真实的、极富争议的实验：1971 年，菲利普·津巴多教授先是在报纸上征集志愿者参与监狱生活的研究，时间为两周，志愿者每天能够得到 15 美元的报酬，然后有 70 位应征者来到斯坦福大学报到，接受一系列的心理测试。这些人都是身心健康的美国大学生，其中有 24 人被选中参与这次实验。

菲利普·津巴多随机抽取一半人饰演监狱里的看守，而剩下的一半饰演囚犯。接下来，志愿者被告知，饰演囚犯的人有可能被剥夺公民权，而且他们只能获得最基本的生活保障。接着，那些答应饰演囚犯的人被告知在某个周日等在家里，那一天他们会被警察"逮捕"，然后被送进了斯坦福大学心理学系的地下室模拟监狱里。

实验开始的第一天，大家都表现得很平静，监狱里并没有什么事情发生，可是第二天"囚犯"就发起了一场暴动，他们撕扯身上的囚服，拒绝听从看守的命令，还取笑看守。

菲利普·津巴多教授告诉看守们可以采取一定的措施控制局面，看守们照做了。看守们强迫"囚犯"做俯卧撑，脱光他们的衣服，拿走他们的食物和被子，并且让他们空着手清洗马桶，对他们关禁闭和殴打。实验就这样持续了六天，最后因为局面失控而不得不终止。不过，菲利普·津巴多已经从实验中找到了答案。

他在著作中写道："当我看到美军虐待囚犯的照片时，并不会感到特别震惊，因为人的善良与罪恶，很容易受到外界环境的影响。"菲利普·津巴多教授在斯坦福监狱实验中看到了人类在环境的影响下，由善变恶的过程。他把这个过程称为路西法效应——上帝最宠爱的天使路西法也会堕落成可怕的撒旦，更何况人类呢？

路西法效应告诉我们，人类容易受到环境的影响而作恶，是好是坏全在一念之间。

在人际交往中，同样存在路西法效应——任何时候，我们都不能完全固化地看待身边的朋友或敌人，因为他们随时会相互转化。也就是说，朋友也有可能变成对手或敌人，而敌人也有可能变成朋友或合作伙伴。

在职场竞争中，你以为身边的人不是敌人就是朋友，或者敌人的敌人就是朋友，但这种错误的认知观念，常常让你吃尽了苦头。

"没有永远的朋友，也没有永远的敌人"这样的认识或许可以帮助我们改变自己的思维模式。友谊不是合作的必要条件，哪怕是敌人，只要彼此间合作后都能获得最大的益处，也有可能成为朋友。而朋友不一定都会给你带来益处，毕竟与朋友合作的时候也经常会出现分歧。

现代社会，竞争是一种常态。如果你身边没有强大的敌人，你的潜能就得不到发挥，也不可能成为真正的强者。所以说，你不能害怕或拒绝身边的对手，他们很有可能就是你成长和进步的助力。

框架效应：
出现分歧，怎么说比说什么更重要

朋友之间出现分歧是很正常的事情。如果对方固执己见，我们难以说服，不妨运用框架效应，换一种表达方式，或许能取得意想不到的效果。

框架效应是指同一个问题因为表达方式的不同，就会出现截然不同的结果。这一心理学效应的基础是"损失厌恶"心理。

"框架效应"被普遍运用于生活、投资、教育等不同的领域。比如，有一种可怕的疾病在社区内蔓延，将威胁到600名居民的生命安全，现在有两种解决方案供你选择：第一种方案是会有200人获救；第二种方案是会有33%的概率所有人都获救，67%的概率所有人都没获救。你会选择哪种方案呢？虽然第二种方案也是平均200人会获救，可大多数人并不相信概率，尤其是在墨菲定律的影响下，选择概率的结果往往是不好的。因此，大多数人会倾向于选择确定的200人获救。因为这样可以规避风险，稳妥而不冒险。

如果我们把这两种方案改变一下：第一种方案变成600人中

会有 400 人死去；第二种方案变成 33% 的概率没有人会死，67% 的概率所有人都得死。你又会选择哪种方案呢？显然，大多数人会选择第二种方案，因为第二种方案平均来说也要确定死 400 人，和第一种方案相同，但第二种方案有 33% 的概率没有人会死，所以大多数人会选择赌一把。

其实，前面的 200 人获救，与后面的 400 人死去是一回事；前面有 33% 的概率所有人都获救，与后面的有 33% 的概率所有人都不会死，也是一码事。但有趣的是，同一批人却做出了不同的选择，甚至那些在第一个问题中坚定地选择了方案一的人，也在第二个问题中选择了方案二。

这明明是两个本质完全相同的问题，唯一的不同在于表述的方式——第一个问题说的都是获救，这是从收益的角度来说的；第二个问题说的是死去，这是从损失的角度来说的。这便是框架效应——不同的表述方式导致了完全不同的决策行为，同一个问题的不同表述，会导致不同的决策行为。

人们在做决策的过程中，都有一个依赖和参考的框架，这个框架就是表述方式。我们在表达同一个问题时，从收益的角度来说或者从损失的角度来说，往往会导致完全相反的结果。

那么，在人际交往中，我们应该如何运用框架效应来表达呢？

第一，好事分开说。如果我们有两件好事情发生——升职加薪和股票涨了，准备回家与亲人分享，应该怎么表达呢？如果两件事情一起说，家人们可能会特别特别开心。但两件事带来的开心往往无法持续太长时间。正确的表达方式是应该先说股票涨了的事情，因为股票的波动较大，今天不说，明天可能就跌回去了。这样，家人们会因为股票涨了的事情开心好几天。几天后，再告诉他们升职加薪的事情，这样开心又会多几天。从这个意义上来说，一次极大的开心，不如两次很大的开心。

第二，坏事一起说。如果我们有两个坏消息要告诉家人——股票跌了和被解雇了，最好可以两件坏事一起说。因为当我们告诉家人股票跌的时候，家人已经陷入难过的状态，再说被解雇的事情，此时家人只用难过一次就行了。他们可能会想，反正已经够糟糕了，再糟糕也不过如此吧。相反，如果我们分开来说，先告诉家人股票跌了，家人一定会难过一段时间；等到心情快要恢复的时候，又说被解雇了，那家人的难过必然到达顶点，而且会持续更长的时间。

第三，大好事、小坏事要一起说。我们经常会听到"我有一个好消息和一个坏消息，你想先听哪一个？"这样的问题。其实，问题的关键并不是先听哪一个，而是要不要一起说。比如，升职加薪和手机丢了同时发生，那么就需要同时告诉家人。因为家人一定会认为升职加薪是大好事，而手机丢了是小坏事，所以，整体来说还是会很开心的。如果仅仅告诉家人手机丢了，那么家人的反应肯定是消极的。

第四，大坏事、小好事要分开说。如果我们有一件大坏事和一件小好事要告诉家人，比如，被解雇了和捡到手机了，应该怎么说呢？如果一起说的话，显然只会让家人感受到大坏事带来的痛苦，而忽略小好事带来的喜悦。所以，最好还是分开来说——先告诉家人自己被解雇了，再说捡到手机的事情，这时或许能够给家人带来一丝安慰。

阿伦森效应：
给别人带来挫败感的人不受欢迎

一位老人退休了，找了一个清静的地方买了房子，想在那里安度晚年。房子的旁边有一个美丽的湖泊，湖边长着灌木和野花。老人住得很舒服，心情宁静祥和。然而，没过多久，老人的平静生活就被打破了。

一些年轻人成天跑到湖边玩耍，有时候还会大声尖叫，老人不得安宁。老人无法忍受这些噪声，但又很清楚，想要让那些处于叛逆期的年轻人自行离开是不切实际的。于是，老人想了一个好办法，对那些年轻人说："你们玩得真开心啊！我也很开心！如果你们以后每天都来湖边玩耍，我每天给你们1元钱，怎么样？"年轻人爽快地答应了。这种又能玩又能挣钱的好事，为什么不答应呢？

可是，过了几天，老人却愁眉苦脸地对年轻人说："我的养老金还没有发下来，所以从明天开始，我只能给你们5角钱了。"年轻人有些不开心，但还是接受了这个结果。不过，从那以后，他们只在每天下午才到湖边来玩。

又过了几天，老人"十分内疚"地告诉年轻人："真对不起，我的退休金已经不够用了，以后每天只能给你们1角钱。""1角钱？"年轻人感到很气愤，大声说，"我们才不会为了这1角钱而浪费时间呢！我们再也不来这里玩耍了。你就自己孤独去吧！"

从那以后，智慧的老人又过上了安静的生活。

为什么这群年轻人会"中计"呢？原因在于，赞赏的递减会导致个体产生挫败心理——年轻人从最开始得到1元钱奖励，降到得到5角钱的奖励，再降到1角钱，内心的挫败感一次比一次强烈，为了终止这种挫败感，他们最终选择停止自己的行为。

事实上，老人运用的正是心理学上著名的阿伦森效应。老人先让年轻人把毫无目的的玩耍变成服务，并且给予奖励。然后随着时间的推移，不断降低奖励的标准，让年轻人的心中不断产生挫败感，最后终止了自己的玩闹行为，而老人也因此重新获得了安静舒适的生活。

著名心理学家阿伦森曾经说过："人们大都喜欢那些对自己表示赞赏的态度或行为不断增加的人或事，而反感上述态度或行为不断减少的人或事。"所以，给别人带来挫败感的人是不受欢迎的。

为了证明自己的观点，阿伦森还做过这样一个实验：他找来一群研究人员，将他们分为四组，然后让他们给受试者不同的评价，借以观察受试者对哪一组研究人员的好感度最高。

实验过程中，第一组研究人员始终对受试者进行褒奖，第二组研究人员始终对受试者进行贬损否定，第三组研究人员对受试者先褒后贬，第四组研究人员对受试者先贬后褒。这次实验的受试者一共有 10 人，而他们的综合感受是，第四组研究人员的好感度最高，第三组研究人员最令人反感。

为什么会出现这样的实验结果呢？这是因为从褒奖到小的赞赏到不再赞扬，这种递减会导致一定的挫折心理，但一次小的挫折一般人都能比较平静地接受。然而，不被褒奖反被贬低，挫折感会陡然增大，这就不能被一般人接受了。递增的挫折感是很容易引起人的不悦及反感的。

相反，先给予批评和否定，使其认识问题的严重性和自己的不足，再给予足够的肯定和鼓励，会使对方从挫折中走出来，深怀感恩之心，看到希望，奋起努力。

在人际交往中，人们更倾向于褒奖不断增加而批评不断减少。所以，我们要善用褒贬，最好是先贬后褒，让对方产生一种贬低在递减而褒奖在递增的感受。

无论我们是否发现，是否愿意接受，阿伦森效应都会存在于我们的日常生活和工作中。比如，平时表现特别好的员工，突然犯了一次错误，上司就会特别不高兴；而平时表现特别不好的员工，突然表现的不错，老板就会非常开心。

在恋爱关系中，如果一个男孩天天对女孩说晚安，有一天忘了说，女孩往往会很生气；而另外一个男孩很少会对女孩说晚安，但偶尔说一次，女孩就会很开心。其实，女孩就是受到阿伦森效应的影响，在递增和递减的幸福感中产生了情绪变化。

在亲子关系中，面对孩子的调皮行为，我们也可以用奖励递减的方式，让孩子产生心理挫败感，进而自动停止调皮的行为；对于孩子需要成长的部分，我们可以用赞扬递加的方式，让孩子更加自信。

虚假同感偏差：
停止以己度人，尝试换位思考

美国斯坦福大学的社会心理学教授李·罗斯做了一个实验：首先，他将一块写着"来乔伊饭店吃饭"的广告牌放在志愿者面前，问道："你们是否愿意挂着这块广告牌在学校里闲逛半个小时？"

结果，有一半志愿者表示同意，另一半志愿者表示拒绝。然后，李·罗斯教授让同意和不同意的志愿者分别猜测其他人是否愿意挂广告牌，会选择哪种方式挂，再猜测那些与他们有不同选择的志愿者的特征属性。

这一次的测试结果是，那些同意挂广告牌的志愿者中，有62%的人认为其他人也同意这么做，并且义愤填膺地指责说："那些不同意的人是怎么回事？"而那些拒绝挂广告牌的志愿者中，只有33%的人认为别人会挂广告牌，并说："那些同意挂广告牌的人，真是太让人难以理解了，也太奇怪了！"

李·罗斯教授将志愿者的这种心理现象称为虚假同感偏差，也叫虚假一致性偏差，指的是人们常常高估或夸大自己的信念、判断及行为的普遍性，人们在认知他人时总喜欢把自己的特性强加在他人身上，假定自己与他人是相同的。

简单来说，就是我们往往会觉得别人和自己的想法是一样的，而那些和我们想法不同的人，无疑就是某些方面的"怪胎"。可以说，虚假同感偏差是一种典型的缺乏换位思考的心理表现。

换位思考就是站在对方的立场上去思考问题，去真切感受对方的喜怒哀乐。懂得换位思考的人，能够理解他人的想法，能够设身处地地为他人着想，具有很强的共情能力。

当我们学会换位思考的时候，便能理解他人、体谅他人、为他人着想。这样不仅能够让我们在沟通中表现良好，且在人际交往中更容易赢得友谊。

如果一个人不懂得换位思考，那么做任何事情都会以自我为中心，希望所有人都听从于自己，从而在交往和合作中体现出自己的重要地位。在思考问题时，他们也习惯从自身角度出发，不会站在他人的立场上去思考题。这种过于主观的思维模式，往往会导致一些自私的行为，比如，对于自己有利的事情就愿意去做；如果需要自己付出什么，则会排斥和抗拒。

那些缺少换位思考能力的人，在交往的过程中往往表现的极为自私，过于"自我中心化"，不懂得关心、帮助他人，也不懂得分享与合作，因此给人留下许多不好的印象，直接影响到与他人正常的交往。

有人曾经说过："当你认为别人的感受和你自己的一样重要时，才会出现融洽的气氛。"在人际交往中，如果我们总是用自己的标准去衡量别人的行为，衡量周围的事物，并把自己的感情、意志、特性投射到这些事物上，而从来没有想过站在对方的立场上思考问题，用对方的视角看待世界，那么就会觉得别人的所作所为无法理解。

相反，当我们学会换位思考，开始站在他人的位置上思考问题之时，那么对方就会有一种被理解、被尊重的感觉，他们也会报以合作的态度与我们沟通。

在人际交往中，很多人妄图改变对方的想法，最后却以失败告终，其原因就在于不懂得换位思考，无法深入体察对方的内心世界，自然无法理解对方，更不可能改变对方。

除了换位思考，我们还应该学会逆向思考以及多角度思考。

因为任何一个问题都是"横看成岭侧成峰，远近高低各不同"的。如果一个问题迟迟没有得到解决，很有可能就是我们看待问题的方式不正确。而且，任何一个问题都不可能只存在一种解释，越是合理的解释，背后越是有着多种可能。

所以，我们不要总站在自己的角度考虑问题，而要站在更高的层面，从多个角度思考问题，这样才能思考得更深入，更透彻，才能更好地解决问题。

无论是换位思考、逆向思考还是多角度思考，都是为了让我们不再以自我为中心。也只有这样，我们才能摆脱虚假同感偏差，停止以己度人，开始换位思考。

超限效应：
走出物极必反的误区

马克·吐温是美国著名的作家，有一次，他在教堂里认真听牧师演讲。刚开始的时候，他被牧师精彩的演讲打动了，心里暗暗告诉自己，等演讲结束，一定要把自己身上所有的钱都给牧师。十分钟之后，马克·吐温听得有些不耐烦了，心想等下随便捐点钱算了。又过去十分钟，马克·吐温已经没有耐心继续听下去了。而那位牧师还自顾自地演讲着。演讲结束后，马克·吐温不仅没有从口袋里掏出一分钱，反而从募捐箱里拿走了两美元。

在心理学上，这种由于人的机体受到的刺激过多、过强或持续时间过长而引发的心理不耐烦或逆反心理的现象，就是超限效应。简单来说，就是物极必反。这不仅是哲学上的一个基本观点，也是人际沟通中容易出现的问题。

无论做什么事情，都讲究一个度，有度则万事可成，无度则适得其反。

生活中也经常会出现一些超限效应的例子。比如，孩子不小心犯了错误，于是父母就开始频繁地说教，饭前说，饭后说，睡觉前说，早上起床还要说一遍……这样重复说教，不但无法取得好的教育效果，反而会激发孩子的逆反心理——"你不让我做的事，我偏要去做！"

超限效应在职场上也时有发生。比如，一位员工在工作中犯了一个不大不小的错误，这是很正常的事情，但老板反复提起——开会的时候说，散会的时候也说，这让犯错的员工十分懊恼。虽然犯了错误让这位员工心有愧疚，但因为老板的态度，这位员工内心的愧疚感反而没有了，取而代之的是不满和愤怒。而且，在老板接连不断的批评之后，这位员工还会产生一种"破罐子破摔"的心理。他甚至会当面顶撞老板，最后辞职不干了。可见，当错误发生时，员工的内心是自责的、内疚的，但批评一次就够了，多次批评只会引发超限效应，让结果朝着不好的方向发展。

畅销书作家余世维曾经说过："聪明的管理者不会让员工觉得他在管人。"真正优秀的管理者对于下属往往是关心、理解的，哪怕下属在工作中出现了问题，也会以包容的态度，友善地处理好这些问题，而不是反复批评，引起超限效应。

有一句话叫"话说三遍淡如水"，没完没了地说教，只会让对方产生听觉疲劳，甚至让人反感。相反，短促有力的批评既不会让对方反感，也留出空间让对方自我反思，如此对方或许更容易接受不同的意见。

语言学家拉克夫说过："一个人讲话的原则有三：一是

千万不要咄咄逼人；二是要懂得给别人一些发言的机会；三是要给人很友善的感觉。"因此，为了避免超限效应的影响，我们应该明白凡事有度的道理，明白点到为止的效果才是最好的。

承诺一致性原理：
温柔地改变他人的想法

心理学家托马斯·莫里亚蒂曾做过这样一个实验：他找来20位研究人员作为游客在海滩上游玩，然后让另一位研究人员假装成小偷，去窃取一位正在熟睡的游客的钱包。最终，有4名游客挺身而出，制止了"小偷"的行为。

随后，托马斯·莫里亚蒂又进行了一次实验，这次他让那名熟睡的游客事先请求其他游客帮忙照看钱包，最后，有19名游客出来制止了"小偷"的行为。

这次实验的结果表明：人一旦许下承诺，就会执着于自己的承诺，哪怕之前做出的承诺对自己不利，甚至是错误的，人们还是会极力说服自己去兑现自己的承诺。在心理学上，这种现象被称为承诺一致性原理。

为什么人们的意志和想法会被承诺一致性原理影响呢？这是因为，当我们决定做一件事情时，自己就会不自觉地往这方面用力。如果我们许下一个承诺，那么我们就会想方设法坚守承诺。

客观来说，承诺一致性原理是一种简单而机械的思维模式。这种思维模式可以让我们不必经历思考过程的艰辛，并且不用去考虑后果。当我们深入地思考某个问题时，必然会耗费巨大的精力，而且思考过程中不免会触及事物的风险性，这会让我们感到疲惫不安。但是机械地保持思维的一致性，则可以让我们的大脑"偷懒"，逃避风险进入安全的港湾。正因为如此，我们的决策才容易被承诺一致性原理影响。

保持一致的思维模式源于"承诺"，只要我们做出了承诺，就会尽力去达成。这种思维特性常被一些以说服人为职业的人利用，如游说者、政客、演讲家、推销员。

加拿大的心理学家曾经号召多伦多居民为癌症学会捐款，结果发现，假如向人们直接提出这个要求，只有46%的人愿意捐款，但是如果分两天进行，第一天发给人们这次活动的纪念章，并请求人们佩戴，第二天再提出捐款的请求，结果同意捐款的人数翻了一番。

为什么会出现这样的情况呢？这是因为人们做出的每个意志行动都具有一定的目标性，人们在做出决定时总是要权衡各种利弊，假如外在环境相同，人们总会选择那些简单容易的目标来接受。人们又都喜欢表现出自己友好、合作的一面，并且有着保持形象一致的想法，既然答应了一个简单的要求，那么为了保持这种形象的一致性，即便再面临一个比较"得寸进尺"的要求，他们也会下意识地答应。

人们之所以容易被承诺一致性原理操控，是因为人们容易掉入一个思维陷阱中——从最小的请求开始，让一个人做出小小的承诺，以此塑造一个良好形象，然后再提出符合这个形象的更大的请求，然后像"登门槛"一样达到最终的目的。

当然，想要一个小小的承诺达到这样的效果，还要满足一些条件，那就是这个承诺必须是积极的、公开的、经过努力做出的，而且是人们自由选择的。

另外，最重要的一点就是让人们从内心深处对这个承诺负起责任来。这样一来，给出承诺的人便会尽可能地让自己的行为与承诺保持一致。

在人际交往中，我们可以通过承诺一致性原理温柔地改变他人的想法，而且这种改变是他们自发式地改变。我们需要做的，仅仅是看他人如何兑现自己的承诺。

饌广

出 品 人：许　永
产品经理：林园林
责任编辑：李力夫
装帧设计：海　云
印制总监：蒋　波
发行总监：田峰峥

投稿信箱：cmsdbj@163.com
发　　行：北京创美汇品图书有限公司
发行热线：010-59799930

官方微博

微信公众号